Liebeslust

und Ehefrust der Vögel

Liebeslust
und Ehefrust der Vögel

Ernst Paul Dörfler
Zeichnungen von Rainer Schade

Vögel haben über Jahrmillionen einen reichen Erfahrungsschatz im Umgang zwischen Weibchen und Männchen gesammelt. Manches können wir Menschen von den Vögeln lernen, anderes besser nicht. Was nachahmenswert ist und was nicht, liegt im Ermessen der Leser. Für die daraus sich ergebenden Folgen übernehmen weder der Autor noch der Verlag die Haftung.

Nur mit unbeschreiblicher Geduld und Akribie konnten manche Geheimnisse aus dem Liebesleben der Vögel gelüftet und somit in dem vorliegenden Buch geschildert werden. Alle Vögel, die uns Einblick in ihre Intimsphäre gewährt haben, möchte ich um Nachsicht für unsere Aufdringlichkeit bitten. Den daraus hervorgegangenen und hier erzählten Geschichten liegen die Entdeckungen und Erkenntnisse unzähliger Naturforscher zugrunde. Ihnen allen danke ich von ganzem Herzen. Ganz besonders hervorheben möchte ich Prof. Dr. Gerald Wolf, Dr. Martin Flade, Dr. Silke Sorge, Beate Blahy, Rainer Diebel, Stefan Fischer, Dr. Eberhard Henne, Thomas Hinsche, Dr. Michael Kaatz, Sabine Kunze, Ulrich Klinke, Hans-Martin Kochanek, Hartmut Kolbe sowie Wolfgang Hermann.

Inhalt

Liebes lesendes Weibchen, liebes lesendes Männchen, 8

Wo findet man sich? 13

„Komm und sei mein Spatz" 15

Sänger sucht Geliebte – heiße Frühlingsliebe 20

Was Schwalbenmädchen mögen 24

„Mach schnell" – Kurzehen der Stars 27

Flirt nach Mitternacht – die Partnerwahl der Nachtigall 31

Ganz in Weiß – Schwanenpaare mögen's lebenslänglich 35

Ganz Familie – die geselligen Gänse 39

Tanzen auf der Wiese – Szenen einer Kranichehe 43

Storchenliebe – mit dem Nest verheiratet 48

Turtelnde Täubchen 51

Die ausschweifende Verlobung der Enten 55

Die Unehe des Kuckucks 61

Ein ganz normaler Harem – Polygamie der Hühnervögel 66

Viele möchten Gockel sein – Ehen mit mehreren Weibchen 71

Lust auf fremde Federn – Kleine Männer 76

Weibchen mit mehreren Männchen 81

Weibchen in Hosen – Rollentausch der Geschlechter 84

Freie Liebe der Rohrsängerinnen 88

Die flotten Schnepfen ·········· 91

Flexible Verhältnisse – Paarbeziehungen je nachdem… ·········· 95

Die Seitensprünge der Meisen ·········· 101

Vaterschaftstests – die Offenbarung heimlicher Beziehungen ···· 106

Die treusten Vögel – Eulen und Adler ·········· 109

Himmlische Liebe – Mauersegler ·········· 115

Partnerbewachung ·········· 118

Kühle Beziehungen der Eisvögel ·········· 121

Fernbeziehung – Sturmvögel ·········· 123

Gleichgeschlechtliche Paare – Homoehe ·········· 125

Heirat unter Verwandten ·········· 128

Hochzeit der Unverwandten ·········· 131

Eigenbrötler – Habicht und Rotkehlchen ·········· 135

Flucht und Vertreibung aus der Ehe ·········· 139

Ehescheidung – das Ende vom Lied ·········· 142

Schlafgemeinschaften ·········· 147

Wie alt bist Du, Vogel? ·········· 153

Gefragt: Vogel mit Charakter ·········· 158

Vogel mit Hirn – Grips von Vorteil ·········· 161

Liebes lesendes Weibchen,
liebes lesendes Männchen,

die Liebe hat viele Gesichter. Beziehungen zwischen Partnern ebenso. Doch welches Modell, so fragt sich unsereins, ist das richtige für mich? Das klassische Zweiermodell? Eine alternative Variante? Wenn ja, welche? Wie lange sollte eine Liebesbeziehung halten? Bis über den Tod hinaus? Ein Leben lang? Bis die Kinder groß sind? Bis die Kinder da sind? Bis eine Schwangerschaft im Schwange ist? Ein paar Minuten? Kennenlernen ist eh das Schönste und hinterher ist das Ganze sowieso peinlich. Liebe? Wie bitte? Und dann die Partnerwahl, die unendliche Auswahl unter Milliarden von Gesichtern. Sollte es ein fester Partner sein und bleiben? Oder besser mehrere? Hintereinander oder gleichzeitig? Und wie sollte man ihn oder sie finden? So mancher Mensch fragt sich, welche Art Beziehung eigentlich zu ihm passen würde? Im Geheimen gibt er sich oft Antworten, die er nicht jedem weitererzählen kann. „Am allerschönsten ist die ewige Liebe mit häufigen Seitensprüngen." Oder: „Eigentlich hat mich die Liebe nie sonderlich interessiert. Aber sag' das mal meiner Mutter, sie will Enkelkinder, lieber gestern als heute!"

Von den vielen Spielarten der Liebe sind nicht alle gesellschaftsfähig. Die Norm gibt uns das bürgerliche Gesetzbuch vor – als Lebensrezept. Doch ist das mein Geschmack? Sind das meine Neigungen? Passt das zu mir? Manch ein abweichender Lebensentwurf ist im öffentlichen Raum kaum praktikabel, manche Modelle werden gerichtlich geahndet und das ist auch noch von Land zu Land verschieden.

Streng genommen kennen wir in unseren Beziehungen nur zwei Modelle: Erfolg und Versagen. Zusammenbleiben und Trennen. Nach der Trennung möglichst schnell wieder neu verliebt. Denn alleine kommen wir nicht weiter als bis zum Kühlschrank. Dabei hat der Mensch ein breit gefächertes Angebot an erfolgreichen alternativen Lebensentwürfen direkt vor der Haustür. In der Alltagswelt der Vögel können wir sie finden. Jedes der oben angedeuteten Beziehungsmodelle, ja, sehr viel mehr noch, werden in der Vogelwelt von dieser oder jener Art gepflegt, ganz und gar öffentlich. Und das nicht aus einer Laune heraus. Weil etwa zwei Vögel glauben, nicht ohne einander leben zu können. Oder es einer von beiden im Nest keine Sekunde aushält. Nein, Vögel leben und lieben nach ihren eigenen Modellen durch und durch konsequent, und das seit dem Ableben der Dinosaurier, aus denen vor rund 100 Millionen Jahren die ersten Vögel hervorgingen.

Ganz sicher, auch Du liebst Vögel, das hätte ich mir denken können. Aber mit welcher Vogelart fühlst Du Dich besonders verbunden, vielleicht sogar verwandt? Noch nicht darüber nachgedacht? Strebst Du klare Verhältnisse und eine feste Beziehung auf Lebenszeit an? Willst Du Deinen Partner immer an Deiner Seite haben? Dann schwimmst Du mit dem Schwan auf einer Welle. Er ist ein typischer Vertreter der monogamen Dauerehe, eines Lebens zu zweit in einem Häuschen im Grünen. Bist Du vielleicht der Typ Kranich, der gern mit seinem Partner auf der Wiese tanzt, der die Familie über alles stellt, für den keine Reise ohne Partner und Kinder abgeht und bei dem trotzdem die Geselligkeit nicht zu kurz kommt? Oder siehst Du es mehr von der lockeren Seite wie ein Storchenpaar, das nach dem Ausfliegen der Jungen im Spätsommer getrennte Wege einschlägt: Sie fliegt nach Südafrika, er nach Marokko, um dort das Winterhalbjahr in aller Ungebundenheit zu genießen, bis man es im nächsten Frühjahr vielleicht noch einmal miteinander versucht.

Groß ist die Anhängerschar, die auf den Frühling wettet. Sonne und Wärme heben Lust und Laune. Dann beginnt die Partnersuche bei Amsel und Drossel. Das Liebesleben schwingt sich auf in schwindelnde Höhen. Der Himmel ist zum Greifen nahe. Verliebt, verlobt, verheiratet im Eiltempo. Die Vogelkinder werden großgezogen, und mit dem Verblühen der Tulpen erlischt sie auch schon wieder, die heiße Liebe. Nach wenigen Monaten ist alles gelaufen und die Saisonehe am Ende. Jeder Vogel ist dann wieder vogelfrei. Wäre dieses Modell etwas für Dich? Und wenn ja, gehörst Du dann zum Typ der Lerchen, die sich schon im ersten Morgengrauen lange vor Sonnenaufgang aufschwingen, um die Liebste mit einem Lied zu beglücken und womöglich ihr Herz zu gewinnen? Oder tendierst Du eher zum Nachtigallen-Typ, der erst nach Mitternacht zur Höchstform aufläuft und der Weibchenwelt schluchzende Gesänge in allen Höhen und Tiefen vorträgt?

Dann gibt es noch den Kuckuck. Der steht weder auf Dauer- noch auf Saisonehe. Er pflegt das Modell der Unehe. Mit festen Paarbeziehungen oder gar Familienleben führt er nichts im Sinn. Das Großziehen der im wahrsten Sinne des Wortes unehelichen Kuckuckskinder delegiert er an andere, kleinere Vögel. Er selbst liebt flüchtig und er lebt flüchtig. Kaum im Lande angekommen und sich mit seinem heiteren Ruf zu erkennen gegeben, verlässt er uns schon wieder Richtung Afrika.

Sollte noch kein passendes Modell für Dich dabei gewesen sein – kein Problem. Neben jenen Vogeltypen, die mit ihrem festen Partner den Alltag im trauten, durch Reviergrenzen abgesteckten Heim ganz für sich allein verbringen, und jenen, die umhervagabundieren, hat die Vogelwelt eine weitere Alternative entwickelt, eine Art Kommune. In Brutkolonien lebt und liebt man dicht bei dicht auf engstem Raum. Bis zu einem Dutzend Vogelfamilien teilen sich ein Hochhaus in Form einer Baumkrone als gemeinschaftlichen Wohnsitz. Da wird es nie langweilig, denn Stoff und Zoff, Liebe und Leid gibt es immer wieder aufs Neue. Das Unterhaltungsprogramm läuft über 24 Stunden. Wem das zu viel Klatsch und Tratsch und zu wenig erotische Abwechslung sein sollten, dem bieten sich weitere Wahlmöglichkeiten.

Manche Vögel leben in Vielehe, auch Polygamie genannt. Polygame Verhältnisse können auf verschiedene Art praktiziert werden, je nachdem, ob ein Männchen mit mehreren Weibchen oder ein Weibchen mit mehreren Männchen liiert ist. Doch Vorsicht! In der Menschenwelt steht das gleichzeitige Führen von mehreren Ehen meist unter Strafe! Vögel allerdings sind frei – ihre alten Rechte haben Bestandsschutz. Sie dürfen sich ein Leben im Harem erlauben. Bei Hühnervögeln ist diese Form des Zusammenlebens tägliche Praxis und wird von keinem Richter in Frage gestellt! Auf zehn Hennen kommt ein Hahn, das ist ungeschriebenes Gesetz. Wer möchte da nicht gern der Hahn im Korbe sein? Doch es geht auch umgekehrt. Ein Weibchen macht zwei Männchen gleichzeitig glücklich. Oder das Weibchen schlüpft in die Männerrolle und trägt bunte Hosen, es singt und tanzt und überlässt dem unscheinbaren, aber treu sorgenden Männchen die häuslichen Arbeiten.

Solltest Du aber lieber als Single frei und ungebunden durch dein Leben flattern und den Ehefrust vorsorglich vermeiden wollen, dann findest Du auch dafür in der Vogelwelt so manche Anregung. Vorbilder für diese Lebensform dürften die Schnepfen sein. Sie führen einen höchst unsteten Lebenswandel und scheuen es, sich festzulegen, techteln mal hier und mal dort, von festen Regeln oder gar Bindungen wollen sie nichts wissen. Sie sind zudem – typisch Singles – als recht reiselustige Gesellen und als besonders flotte Flieger bekannt, die innerhalb einer Woche schnell mal eben um die halbe Erde fliegen können. Das ginge zwar auch mit Partner, aber ohne Anhang ist es viel unkomplizierter. Absprachen, lange Debatten und Rechtfertigungen erübrigen sich.

Eine Art freie Liebe praktizieren manche Rohrsänger. Es sind vor allem die Weibchen, die auf dieses Modell schwören. Sie haben sich total von der männlichen Vorherrschaft abgekoppelt und machen einfach, was sie wollen.

Du hast keine Lust zum ständigen Umherflattern und Unterwegssein? Im Gegensatz zu den Vielfliegern gibt es auch ausgesprochen sesshafte Typen wie die Eulen, die bislang noch keinen Grund zum alljährlichen Verreisen gefunden haben. Der Vorteil: Sesshaftigkeit fördert das Treueverhalten. Ein weiteres Beziehungsmodell sollte uns nicht überraschen: Es gibt auch Vögel mit gleichgeschlechtlichen Neigungen, Männchen mit Männchen und Weibchen mit Weibchen in einer engen Partnerschaft – und, wie wir erfahren werden, das ist gut so! Exotisch bunt durcheinander geht es bei den Mischehen zu. So kommt es gelegentlich vor, dass zwei unterschiedliche Vogelarten eine eheähnliche Beziehung eingehen, sich also kreuzen und sogar Nachwuchs hervorbringen. Das ist – wissenschaftlich betrachtet – ein regelwidriges Verhalten. Doch die Vögel haben ihr eigenes Regelwerk mit unzähligen Ausnahmen und Fußnoten.

Mehr auf Distanz geht die Fernbeziehung. Wie wäre es denn mit diesem Modell? Es bietet Freiheit wie auch Sicherheit, allerdings nur auf Zuteilung. So sehen sich die Sturmvögel nur einmal in der Woche und selbst dann nur ganz kurz. Die meiste Lebenszeit verbringen sie, ähnlich wie die Seeleute, auf den schier endlosen Weiten des Meeres, allerdings strikt solo und nicht als Teil einer Mannschaft.

Sollte bei all diesen Varianten noch immer nichts Passendes dabei gewesen sein, dann gibt es noch den Einzelgänger. Er geht, soweit irgend möglich, Beziehungen konsequent aus dem Wege und will vor allem seine Ruhe haben. Das ist die Lebensart des Habichts, der im Walde abtaucht und nur dann am Himmel aufkreuzt, wenn ihn die Suche nach einem Partner dazu antreibt. Nähe? Nur so viel wie unbedingt nötig. Auch gut, wenn's gefällt!

Alle diese verschiedenen Beziehungsmodelle sind Erfindungen der Natur. Und sie sind irgendwie erfolgreich, sonst gäbe es sie schon längst nicht mehr.

Auch wenn wir Menschen weder ein Federkleid tragen noch fliegen können: Vögel zeigen auffallende Ähnlichkeiten zu menschlichen Verhaltensmustern – oder besser umgekehrt, denn die Vögel waren lange vor uns auf dieser Erde. Schon seit einhundert Millionen Jahren bewohnen sie diesen Planeten. Damals war an uns noch nicht zu denken, unser Bauplan noch längst nicht entworfen. Menschen treiben sich erst seit gut einer Million Jahren auf der Erde herum. Die Vögel haben demzufolge einen viel größeren Erfahrungsschatz, einen gewaltigen Vorsprung in den Umgangsformen zwischen Männchen und Weibchen. Vielleicht können wir manches von ihnen annehmen? Und manches doch besser nicht? Auf jeden Fall lohnt es, einmal genauer in diese Beziehungskisten hineinzuschauen.

Wo findet man sich?

Bevor eine Beziehung – welche Version auch immer – zustande kommt, müssen sich die Partner erst einmal gefunden haben. Bei uns Menschen stehen dafür die Arbeitswelt oder die Freizeit zur Auswahl. Ein Drittel der Liebesgeschichten nehmen zwischen Büro und Werkhalle ihren Anfang, in zwei Dritteln der Fälle funkt es in der Freizeit. Auch in der Vogelwelt dreht sich alles ums Suchen und Finden. Wo trifft der Vogel seinen Partner, seine Partnerin? Mit etwas Phantasie könnte die Brutheimat der „Arbeitswelt" entsprechen und der Vogelzug in den Süden der „Freizeit".

Im Gegensatz zu den Menschen finden die meisten Vögel offenbar in der „Arbeitswelt" zueinander, also dort, wo gebaut, genistet und der Nachwuchs aufgezogen werden soll. Kurzum, man trifft sich in jenem Lebensraum, wo man selbst als kleiner Vogel das Licht der Welt erblickte. Das ist sinnvoll und leicht zu erklären, denn ein Waldvogel wird seinen Partner kaum in einer baumlosen Ackersteppe finden und ein Wasservogel wird sich in Wüsten verlassen vorkommen. Vögel finden meist dort zueinander, wo die ihnen bekannten Lieder erklingen. Eben dort, in vertrauten Gefilden, ist die Heimat. Und wo, wenn nicht in der Heimat, sollte man am ehesten einen Liebsten oder eine Liebste finden?

Bei den Singvögeln, die im Frühling in unseren Wäldern, Feldern, Parks und Gärten eintreffen, ist zunächst noch alles offen. Singvögel gehen im Herbst frei und ungebunden auf Reise und kommen auch meist wieder ledig in ihrer Heimat an. Dabei ist es gleichgültig, ob sie im Schwarm fliegen oder als Alleinreisende unterwegs sind. Doch sofort nach der Ankunft sind die Paarungsabsichten unverkennbar, zumindest bei den Männchen. Ihr Hormonspiegel schnellt im Frühling durch Licht und Wärme in die Höhe und treibt sie an, tätig zu werden. Sichtlich erregt suchen die Vogelmännchen ein Revier, einen Platz zur Gründung einer Familie. Ohne Revier, ohne einen brauchbaren Wohnraum und eine gute Nahrungsgrundlage läuft rein gar nichts. Am liebsten beziehen die Vögel exakt jenes Gebiet, wo sie im Vorjahr gewohnt haben, ihre alte Heimat also. Ist der Platz noch nicht vergeben, dann kann alles gut werden. Hier gilt das alte Sprichwort aus der Müllerzunft: „Wer zuerst kommt, mahlt zuerst." So beeilen sich die Vogelmänner, um ein gut ausgestatteter und ordentlicher Hausherr werden zu können. Die Männchen kommen ein bis zwei Wochen vor den Weibchen an und halten den Platz an ihrer Seite ganz höflich, aber nicht ganz uneigennützig frei – frei von der Konkurrenz.

Bei einigen wenigen Vogelarten beginnt das Beschnuppern schon deutlich früher. Es sind die Reisebekanntschaften. So kann es durchaus während einer Fernreise durch Afrika, im Winteraufenthalt am Mittelmeer oder unterwegs auf den Flugrouten zwischen zwei Vögeln funken. Wenn sie dann im Frühling in ihren Brutgebieten ankommen, sind sie schon verpaart. Sie nutzen die kollektive Flugreise, das gemeinsame Segeln und Landen, um sich kennen und vielleicht auch lieben zu lernen. Die gefahrvollen und anstrengenden Zeiten und die Bewährungsproben bieten gute Gelegenheiten, um die Stärken und Schwächen eines möglichen Partners in Erfahrung zu bringen. Die eigentlichen Flitterwochen jedoch gehen erst in den heimatlichen Gefilden los.

Doch wie, durch welche Signale finden die Partner zueinander? Ganz einfach: Man zeigt sich, und zwar von seiner besten Seite! Die Männchen spielen die Hauptrolle – zunächst jedenfalls. Ihr Bühnenauftritt findet oft an exponierten Orten, etwa auf Baumspitzen statt. Als Lockmittel werden Rufe und Gesänge eingesetzt. Je selbstbewusster die Lieder vorgetragen werden, umso besser. Nur wer als kräftiger Sänger auffällt, hat die Chance, von der Weibchenwelt wahrgenommen zu werden. Hinzu kommen optische Reize, wie Farben und Muster im Federkleid. Als Hingucker sind kräftig schillernde Farben und blinkende Abzeichen beliebt. Mit diesem Balzverhalten zeigt das Männchen seine Paarungsabsichten an, eine Art Heiratsbegehren.

Die erste Kontaktaufnahme erfolgt in der Vogelwelt oft frei nach dem Motto: „Was sich neckt, das liebt sich". Mit anderen Worten: Männchen geht in Startposition, schreitet zur Tat und greift an, Weibchen flieht. So läuft das Spiel eine ganze Weile. Erst wenn die Fluchtimpulse überwunden werden, kommen sich zwei Vögel wirklich näher. Um sich als Männchen und Weibchen zu vereinigen, müssen die Distanzen, die zwischen Vogel und Vogel normalerweise einzuhaltenden Mindestabstände also, abgebaut werden. Denn was bei Pflanzen durch Windbestäubung möglich ist, klappt bei Tieren an Land nicht. So kommen auch Vögel nicht umhin, sich auf die Federn zu rücken. Um die Hemmungen voreinander abzumildern und die Gefühle anzugleichen, bedarf es geeigneter Vorspiele, eben der Balzspiele. Sie können beide Partner in Stimmung bringen und die Lust zur Vereinigung wecken. Soweit die Theorie.

„Komm und sei mein Spatz"

Das Zusammenleben der Geschlechter ist in der Natur höchst verschieden. Sich paarweise zusammenzufinden, um den Lebensalltag gemeinsam zu meistern, ist keineswegs der Normalfall. Selbst bei den hochentwickelten Säugetieren läuft die Sache oft ganz anders. Da begegnen sich Mann und Frau nur für ein kurzes Stelldichein, für die begrenzten Augenblicke der „Minne". Es ist die Zeit der Begattung oder anders gesagt: Die Zeit der Befruchtung oder Zeugung. So kommen unsere Rothirsche im September zusammen, tragen ihre Kämpfe Mann gegen Mann aus, und der stärkste Hirsch erwirbt sich das Recht, ein Hirschweib nach dem anderen zu bespringen. Nach dem erschöpfenden Geschäft geht der Hirsch wieder seiner Wege und überlässt die Sorge um die Nachkommenschaft ganz und gar den Müttern. Der Nachwuchs muss ohne väterlichen Beistand auskommen und rasch auf eigenen Beinen stehen. So läuft es bei 95 Prozent aller Säugetierarten, von der Maus bis zum Elefanten. Es sind unsere engsten Verwandten!
Anders in der Welt der Vögel. Um Brut und Aufzucht der Jungen gut zu bewältigen, hat sich der paarweise Zusammenschluss als nützlich erwiesen. Das Bauen von Nestern, das Brüten, das Vertei-

digen und das Versorgen der oft völlig hilflosen Jungvögel lässt sich im Zweierteam leichter erledigen als im Alleingang. Mehr als zwei Teilnehmer sollten es aber auch wiederum nicht sein. Die meisten Vögel favorisieren gerade diese Zweierbeziehung zwischen Männchen und Weibchen. Darüber hinaus ist aber Schluss mit lustig! Warum wohl? Sind mehr als zwei an einer Partnerschaft beteiligt, steigt die Wahrscheinlichkeit von Konflikten. Jeder dritte kann zum Störfaktor werden. Dreiecksgeschichten füllen nicht umsonst unendlich viele Romane und Erzählungen. Gegen engere Beziehungen zwischen mehr als zwei Partnern sprechen aggressive Verhaltensweisen vieler Weibchen, aber auch der Männchen untereinander. Weibchen tolerieren ebenso wenig andere Weibchen in ihrer Umgebung wie Männchen andere Männchen in ihr Reich hineinlassen. In der geschlechtlich aktiven Zeit gibt es keine Kompromisse, und so vertreiben Männchen wie Weibchen ganz entschieden ihre Geschlechtsgenossen und Geschlechtsgenossinnen. Sie wollen ihren Partner nicht mit anderen Vögeln teilen müssen. Bei diesen Ansprüchen bietet sich die Einehe, die Monogamie, als passendes Beziehungsmodell an.

Unsere Spatzen sind das beste Beispiel. Sie halten viel von einer Beziehung mit einem festen Partner bzw. einer festen Partnerin. „Komm und sei mein Spatz", so tönt es allerorten in den Städten und Dörfern. Es ist ihr ernstgemeinter Heiratswunsch, den die Spatzen mit ihren dicken Schnäbeln von den Dächern pfeifen. Die Annoncen werden öffentlich vorgetragen und ausnahmslos mündlich. Jeder kann hören, was des Spatzen Begehr ist: Es ist nicht mehr und nicht weniger als ein kleines, süßes Spatzenweibchen. Er, der Spatz, ist alles andere als ein Heimlichtuer. Eher ein Wichtigtuer. Ein quicklebendiger Vogel. Und als frech gilt er auch noch. Genau das muss er sein, wenn er sich in unserer Welt behaupten will. Nur mit einer gehörigen Portion Gewitztheit kommt er an seine Futterration, an sein tägliches Brot. Es sind auch die Krümel, die wir Menschen in Freiluftrestaurants fallen lassen und die der Spatz zu unseren Füßen aufpickt. Um diesen seinen Job gut auszufüllen, muss er so schamlos wie respektlos sein. Notfalls wird auch von Tisch und Teller gegessen, wenn es denn Gast und Wirt zulassen.

Der gemeine Spatz ist der häuslichste unter allen Vögeln. Deshalb heißt er auch Hausspatz oder Haussperling. Wo kein Haus, dort kein Spatz. Farblich passend zu den Häusern trägt der Spatz sein dezentes graubraunes Kleid. Erst bei genauerem Hinschauen wird die Schönheit des Spatzenmännchens offenbar: Unter dem grauen Scheitel schließen sich rotbraune Schläfen, weiße Wangen und ein schwarzes Lätzchen an. Würden die Häuser verschwinden und wieder Wald wachsen, würden sich auch die Spatzen aus dem Staub machen. Mensch und Spatz bilden eine Schicksalsgemeinschaft. Obwohl Spatzen als flotte Flieger bekannt sind, verlassen sie ihr angestammtes Revier praktisch nie. Sie gelten als ausgesprochen heimatverbunden. Ein Spatz entfernt sich in seinem Leben selten jemals mehr als hundert Meter von seinem Stammplatz oder seinem Stammtisch. „Dahoam is dahoam", sagen sich nicht nur die Spatzen in Bayern! Der Spatz wirkt flatterhaft, ist aber in Wahrheit sesshaft. Ganz im Gegensatz zum modernen Menschen, der die meiste Zeit herumsitzt und nicht weiß, wo er eigentlich hinwill oder wo er hingehört.

Spatzen pflegen untereinander enge Beziehungen. Sie lieben die Geselligkeit über alles. Im Gegensatz zu Amsel, Drossel, Fink und Meise, die als Pärchen ein abgegrenztes Revier von der Größe eines weitläufigen Gartens nur für sich beanspruchen und keine Artgenossen in der unmittelbaren Nähe dulden, sind die Spatzen ein tolerantes Völkchen. Im Vergleich zu den Individualisten könnte man sie als Kollektivisten bezeichnen. Den Spatzen scheint das gemeinschaftliche Wohnen mit vielen Nachbarn zu gefallen. So sind Spatzenwohnungen in hoher Dichte Tür an Tür gebaut, nebeneinander und übereinander reiht sich Einflugloch an Einflugloch. Voraussetzung ist, dass das Menschenhaus, in dem die Spatzen die Unter- oder besser Obermieter sein wollen, genügend Einfluglöcher hat. Daran hapert es allzu häufig, wenn der Hausherr sein Haus perfekt dicht macht und nicht der geringste Zugang mehr offen bleibt. Beliebt bei Spatzen sind auch Storchennester. Da gibt es dieses neuzeitliche Problem der Modernisierung nicht und es ist immer genug Platz zwischen den eingebauten Ästen und Zweigen, um ein Dutzend kleiner Spatzenwohnungen anzulegen.

Obwohl der Hausspatz ausgesprochen häuslich veranlagt ist, ist sein handwerkliches Geschick eher kläglich entwickelt. Seine Wohnstätte, sein Nistplatz ist nichts anderes als eine Höhle im Mauerwerk oder unter Dachziegeln. Alles, was in der Umgebung herumliegt oder herumfliegt, wird eingesammelt und zur Möblierung der Einraumwohnung verwendet: Federn, Grashalme, Haare, Lumpen und Papier werden verbaut. Genauer gesagt: Die Wohnhöhle wird damit zugestopft und fertig ist das wärmende Kugelnest mit Seiteneingang. Das Spatzenweibchen scheint in Fragen stilvoller Wohnungseinrichtung nicht die höchsten Ansprüche zu haben. Das gilt aber nur für die Wohnung, nicht für den Wohnungsbesitzer!

Die Wahl des passenden Spatzenmannes ist eine sehr ernste Angelegenheit, obwohl es einem Theaterstück mit viel Lärm und Gezeter gleicht. Schon im Spätwinter geht das kollektive Balztheater los. Spatzen lieben es auch dann gesellig, wenn es darum geht, wer wen als Partner oder Partnerin bekommen soll. Die Spatzengesellschaft versammelt sich dazu am liebsten im dichten Strauchwerk, oder, wenn nicht vorhanden, auch auf einem Fußweg. Zehn und mehr Vögel möchten sich schon zusammenfinden, wenn die Partnerwahl in Gang kommen soll. Erst eine Art Heiratsmarkt mit einer gewissen Mindestanzahl von Bewerbern bringt die Spatzen in Stimmung. Das Gruppenleben scheint das Interesse am anderen Geschlecht zu beleben. Einsam auf Brautschau zu gehen, macht den Spatzen keinen Spaß. Die Konkurrenz belebt das Geschäft und steigert die Lust. Dann erst fühlt sich jeder einzelne Vogel stimuliert, zu zeigen, was er drauf hat. Da wird getschilpt und geschimpft, geplustert und geflattert, was Schnäbel und Flügel so hergeben. Je lauter, desto besser. Mehrere aufgeplusterte Männchen hüpfen lärmend um ein Weibchen herum und stellen damit auf ihre Weise einen Heiratsantrag. In wilden Streitereien und Verfolgungsjagden wird ermittelt, welches Männchen das schnellste und kräftigste ist, wer sich am besten durchsetzen kann. Der Gewinner des Wettbewerbs steht in der Gunst der Weibchen am höchsten. Eine Art Mister-Wahl. Aber selbst die Zweit- und Drittplatzierten, ja selbst die Vorletzten im Wettbewerb kriegen eine Partnerin ab. Das geht solange, bis der Vorrat an Weibchen beziehungsweise an Männchen

erschöpft ist. Wer dann übrigbleibt, hat Pech gehabt. Doch auch die Ausgeschiedenen haben eine Aufgabe: Sie bilden die Reservearmee und können einspringen, wenn durch ein Unglück ein Vogel gleichen Geschlechts ausfällt. Es sind die Nachrücker. Das Spatzentheater dauert wochenlang. Am Schluss ist fast jedem Spatzen eine Spatzenfrau zugeflogen. Damit sind die Spatzenehen geschlossen. Dann geht es an die Arbeit. Oder an das Vergnügen? Spatzen brüten nicht nur ein- oder zweimal im Jahr, nein, sie bringen es auf vier Bruten. Das Kinderkriegen kann sogar bis in die kalte Jahreszeit hineinreichen. Auch wenn es bei Spatzens scheinbar nur so drunter und drüber zu gehen scheint, eines ist klar: Wer zu wem gehört. Das überrascht vor allem deshalb, weil Spatzen meist mehr oder weniger truppweise und nicht paarweise in Erscheinung treten. Als menschliche Beobachter verlieren wir bei dem turbulenten Treiben schnell die Übersicht. Nicht aber die Spatzen. Obwohl sie in Kolonien brüten und in Gemeinschaften schlafen, weiß jede Spatzenfrau ganz genau, wer ihr angetrauter Spatzenmann ist. Dabei gibt es keine Zweifel, selbst wenn sich diese grauen Vögel für uns zum Verwechseln ähnlich sehen. Spatzenmann und Spatzenfrau führen eine klar definierte, monogame Ehe. Daran ist nicht zu rütteln, na ja, fast nicht. Doch dazu später, im Kapitel über die Treue...

Sänger sucht Geliebte – heiße Frühlingsliebe

Liebesnot macht erfinderisch. Im Mittelalter soll es bei adeligen Damen Brauch gewesen sein, einen Vogelkäfig samt Singvogel gut sichtbar auf der Fensterbank zu platzieren, um ihrem heimlichen Liebhaber zu signalisieren, dass er zum Stelldichein kommen möge, da sich der Hausherr auf Dienstreise befand. Egal, ob dem Vogel zum Singen zumute war, dem Liebhaber wurde damit ohne Worte und Briefe ein Zeichen gesetzt, dass er „zu den Vögeln gehen"

20

durfte. Daraus soll sich irgendwann das geflügelte Wort vom „Vögeln" entwickelt haben. So weit zur romantischen Verklärung. Zum wahrscheinlicheren Ursprung später mehr.

In der freien Natur ist es uralte Sitte: Das Vögeln unter Vögeln. Und erwiesenermaßen ist es ein Saisongeschäft. Die Hochsaison beginnt im Frühling und endet im Sommer. Diese Regel hat sich bei Amsel, Drossel und Co. fest eingebürgert. Warum wohl? Der Frühling ist die fruchtbare Jahreszeit – in jeder Beziehung. Nahrung und Wasser gibt es in Hülle und Fülle, dazu Sonne und Wärme. Um das Hundertfache steigen in dieser Zeit die Hormongehalte im Blut. Diese Stoffe treiben Männchen wie Weibchen zu Höchstleistungen an. Partnersuche und Partnerwahl stehen auf dem Plan. Nicht irgendeiner, nein, der Schönste und der Gesündeste soll es sein. Es sind schwierige Entscheidungen von großer Tragweite. Bei den meisten Singvögeln hält sich das Risiko einer unglücklichen Partnerwahl allerdings in Grenzen. Bei den Sängern geht es meist nicht um den Partner fürs Leben, nicht um Bindung für alle Ewigkeit. Eine falsche Wahl straft nicht für das ganze Leben ab. Im Blickpunkt steht die aktuelle Saison – nicht mehr, aber auch nicht weniger. Das dazugehörige Modell heißt Saisonehe. Das Prinzip: Hochfliegende Ziele werden angesteuert, Wünsche und Träume, die wir alle kennen oder zumindest ahnen, werden verfolgt. Läuft alles nach Plan, stellt sich alsbald das Liebesglück ein. Nach den berauschenden Momenten piepst es bald im Nest, der Nachwuchs meldet sich zu Wort und fordert seinen Tribut. Spätestens dann ist Schluss mit heißer Frühlingsliebe. Sie ist genauso rasch verflogen wie aufgeflammt.

Doch der Reihe nach. Schon in den ersten milden Tagen des Jahres hören wir in Stadt und Land melodische Flötenstrophen, vorgetragen von Baum und Dach. Interpret ist die Amsel, genauer der Amselmann, ein begnadeter Sänger, feierlich im schwarzen Anzug gekleidet. „Blackbird" nennen die Engländer treffend diesen Vogel. In Deutschland gilt er als häufiger Brutvogel und wird auch gelegentlich als „Schwarzdrossel" bezeichnet. Jeder wird die Amsel schon gesehen und gehört haben. Falls nicht: Augen und Ohren aufgesperrt! Wenn der Amselmann sich in Szene setzt und zum Gesang anhebt, kann man eigentlich nichts anderes tun als innehalten, den Blick nach oben richten und staunen, mit welchem Einsatz der kleine Kerl sich produziert. Mit seinen Liedern, feierlich flötend bis orgelnd vorgetragen, hat er eine wichtige Botschaft zu verkünden: „Sehet her, hier bin ich, ein prächtiger Amselmann und dies ist mein Reich! Hallo Weibchen, erhöret mich und eilet flugs zu mir. Ja, ihr Weibchen, ihr seid mein Begehr! Die Männchen können mir gestohlen bleiben. Sie mögen verschwinden und das Weite suchen." Es kann sehr schnell gehen, es können aber auch Tage und Wochen ins Land ziehen, ehe sich ein Amselweibchen im dezenten dunkelbraunen Federkleid einfindet und zumindest Interesse an dem Sänger und seinem Vortrag bekundet. Als Zuhörerin beurteilt das Amselweibchen Lautstärke, Qualität und Klangreinheit. Je kraftvoller und wohltönender die Strophen dargeboten werden, umso bessere Noten vergibt sie. Aber auch die Variabilität der Liedmotive, ihr melodischer Reichtum, geht in die Bewertung ein. Männchen scheinen dies zu ahnen und bauen deshalb immer wieder neue Klänge in ihr Repertoire ein. Selbst Klingeltöne von Handys oder menschliche Pfiffe werden gelegentlich nachgeahmt.

Für Männchen ist es im Frühling Pflicht, aufzufallen, wenn sie Erfolg bei den Weibchen haben wollen. Neben der akustischen Darbietung spielt daher das Aussehen eine große Rolle. Nur mit gepflegtem Äußeren lässt sich das Interesse des anderen Geschlechts wecken. Ein liederliches Federkleid bietet dagegen keinen Anlass für weibliche Zuneigung. Als entscheidender Blickfang gelten beim Amselmann Schnabel und Augen. Ja, Amselweibchen schauen den männlichen Bewerbern tatsächlich tief in die Augen, eine Art Vogelaugendiagnostik, um zu erkennen, wen sie vor sich haben. Nicht jedes Männchen entspricht ihrem Geschmack. Die Weibchen haben strenge Auswahlkriterien. Kräftig gelborange sollten die Augenringe gefärbt sein, ebenso der Schnabel. Je intensiver die Färbung von Schnabel und Auge ins Orange tendiert, umso gesünder ist der Vogel. Genau darauf kommt es den Weibchen an. Blassschnäbel sind wenig beliebt. Die begehrte Farbe ist nichts anderes als Karotin, uns als Inhaltsstoff der Karotten bekannt, aber auch in vielen rötlichen Früchten enthalten. Es steigert die Abwehrkräfte gegen alle möglichen Krankheiten. Wer es im Überfluss hat, sieht nicht nur gut aus, er ist auch kerngesund. Das gilt für Vögel wie für Menschen.

Hat das Amselweibchen schließlich ein tolles Männchen gefunden, muss alles ganz schnell gehen. Der Frühling bummelt nicht. Selbst wenn das Nest noch nicht fertig ist, wird schon Hochzeit gefeiert. Wie das geht? Ganz einfach: Weibchen duckt sich vor Männchen, beide zittern mit Flügeln und Schwanz, Männchen hüpft auf Weibchen und fertig. Sekundensache. Dann werden Tag um Tag fünf Eier gelegt und zwei Wochen lang ganz allein vom Amselweibchen ausgebrütet. Danach wird es für beide Eltern höchst anstrengend: Von Sonnenaufgang bis Sonnenuntergang, sechzehn Stunden am Tag, muss Futter gesucht und herbeigetragen werden, um es in die hungrigen Schnäbel zu stopfen. Sind die Küken geschlüpft, müssen sehr bald beide Elternteile Futter herbeischaffen, um sie satt zu kriegen, gewärmt wird nur nachts und an besonders kalten Tagen. Auch wenn die jungen Amseln nach knapp drei Wochen flugfähig sind und das Nest verlassen haben, betteln sie weiter um Futter. Doch nach weiteren zwei Wochen ist endgültig Schluss. Das Kapitel „Kinder" ist somit beendet, der Nachwuchs ist selbständig. Um allerdings in puncto Nachkommenschaft ganz sicher zu gehen, schließt sich bei manchen Singvogelarten, so auch bei den Amseln und Drosseln, noch eine zweite Brut an. Danach ist die Saison aber unweigerlich zu Ende. Die Ehe zwischen Männchen und Weibchen hat ihren Zweck erfüllt und löst sich in Wohlgefallen auf. Die Partner sind wieder frei und ungebunden.

Die neu gewonnene Freiheit öffnet den Partnern ganz unterschiedliche Wege. Die im Wald lebende, ziemlich scheue Amsel fliegt, wie eh und je, im Herbst nach Südeuropa. Natürlich solo, Amseln sind eigenständige Persönlichkeiten, Männchen wie Weibchen. Doch jene Amseln, die den Wald verlassen haben und in die Stadt gezogen sind, haben ihr Verhalten grundlegend geändert. Zutraulich streifen sie durch Park und Garten und lassen sich mit Äpfeln, Nüssen und anderen Leckereien durch den Winter füttern. Städte sind im Gegensatz zum Wald hell und warm und quälender Hunger kommt erst gar nicht auf. Das ist sehr komfortabel und mit weniger Anstrengung verknüpft. So haben die Stadtamseln ihre traditionellen

Reisepläne ganz und gar aufgegeben und begleiten uns durch den Winter. Und das Erstaunlichste: Manche Stadtamseln bleiben dann auch als Paar zusammen und halten einander fest. Sie machen aus der traditionellen Saisonehe eine längerfristige Angelegenheit. Das scheint vorteilhaft zu sein. Unter diesen Umständen brüten sie sogar noch ein drittes Mal im Jahr. Warum auch nicht?

Die Bodenständigkeit wie auch der eheliche Zusammenhalt scheinen also bei den städtischen Amselpaaren sehr viel höher im Kurs zu stehen als bei den Waldamseln. Menschen ticken dagegen ganz anders. Stadtmenschen gelten als mobiler und reisefreudiger, und auch die Scheidungsrate ist in den Städten am höchsten. Die Vögel zeigen, dass es auch andersherum geht. Verkehrte Vogelwelt?

Was Schwalbenmädchen mögen

Wenn im Frühjahr die Schwalben aus Zentralafrika kommen und ihre rasanten Bahnen am Himmel ziehen, haben sie eine gewaltige Flugstrecke hinter und die Partnerwahl vor sich. Doch wonach auswählen aus der großen Schwalbenschar?

Ob ein Männchen von einem Weibchen als Partner begehrt wird, hängt von verschiedenen Kriterien ab. Bei Singvögeln zählen in erster Linie die Gesangsqualität und ein schönes und gepflegtes Federkleid mit möglichst vielen originellen Abzeichen. Doch was, wenn Männchen und Weibchen gleich aussehen, wie bei den Rauchschwalben? Diese eleganten Flieger mit den langen, spitzen Flügeln, dunkler Oberseite, heller Unterseite sowie braunrotem Stirn- und Kehlband sind nicht zu unterscheiden. Worauf sollte ein Weibchen besonders scharf sein, wenn es alles schon selbst im Kleiderschrank hat, was das Männchen aufzubieten vermag? Erschwerend kommt hinzu, dass Schwalbenweibchen genauso bezaubernd zwitschern können wie ihre männlichen Artgenossen. Womit sollen die bedauernswerten Männchen dann noch imponieren? Wo sind die männlichen Attribute, die die weiblichen Instinkte entzücken? Nun, auch Schwänze haben in der Vogelwelt eine tiefergehende Bedeutung. Im Allgemeinen dienen sie als Steuer beim Fliegen, als Stütze beim Klettern, als Schmuckelement und als Kommunikationssignal. Doch was steckt hinter dem Wippen und dem Ausfächern eines Vogelschwanzes? Welche Signale sendet die Schwanzlänge eines Vogels aus? Warum sind die Schwanzfedern gerade während der Paarungszeit am längsten? Lange Schwanzspieße gehören zur typischen Anzugsordnung der Schwalben, genauer gesagt der Rauchschwalben. Und in dieser Beziehung haben die Männchen offenbar mehr zu bieten. Bei einer Körperlänge von siebzehn Zentimetern entfallen immerhin rund sieben Zentimeter auf diese äußeren Steuerfedern.

Im April suchen die Rauchschwalben Bauernhöfe in ländlichen Gebieten auf, um Hochzeit zu feiern und sich fortzupflanzen. Wenn sie im eleganten Zick-Zack-Flug durch ihren hoheitlichen Luftraum kreuzen und bei der Insektenjagd zielgenau ihre Beute ansteuern, setzen sie dabei ganz gekonnt ihre Schwanzfedern ein. Als flüchtige Beobachter mag es uns bisher noch nie aufgefallen sein: Die Schwanzspieße verschiedener Schwalbenmännchen haben unterschiedliche Längen. Die Schwalbenweibchen jedoch haben diese Unterschiede genau im Visier. Mit ihrem extrem scharfen Blick nehmen sie im Vorbeiflug eine Längenvermessung vor – millimetergenau. Für die partnersuchenden Schwalbenmädchen ist die Schwanzlänge ein entscheidendes Auswahlkriterium bei der Wahl des Liebsten. Die Weibchen treffen nach ihrer Prüfung die Wahl, mit welchem Männchen sie sich paaren wollen. Das Wahlverhalten und die Wahlergebnisse sind verblüffend eindeutig: Die Männchen mit den längsten Schwanzfedern ziehen bei den Weibchen den Hauptgewinn und finden am meisten Anklang.

Damit erhebt sich die entscheidende Frage: Warum soll es gerade das Männchen mit den hervorstechendsten Schwanzfedern sein? Was will das Schwalbenweibchen denn mit einem männlichen Schwalbenschwanz anstellen? Diese Frage ließ den Forschern keine Ruhe. Auf Bauernhöfen gingen sie der Frage nach und fingen die Schwalben ein, die dort regelmäßig in den Tierställen brüten.

Es galt zu untersuchen, ob noch andere Unterschiede zwischen den Schwalbenmännchen festzustellen sind, die mit den unterschiedlichen Schwanzlängen im Zusammenhang stehen. Oder anders gefragt: Welche sonstigen Eigenschaften gehen mit dem Besitz eines besonders ausschweifenden Federkleides einher? Im Experiment wurden die Vögel mit Netzen gefangen und ihre Schwanzlängen genau vermessen. Auch wurden sie auf Parasitenbefall kontrolliert. Um ihren Immunstatus zu ermitteln, wurde ihnen außerdem, bevor sie wieder freigelassen wurden, etwas Blut abgenommen. Nach der Auswertung der Ergebnisse konnten folgende Aussagen getroffen werden: Die Männchen mit den längsten Schwanzfedern besitzen das beste Immunsystem. Dies schützt sie vor Krankheiten und Parasiten wie den lästigen, blutsaugenden Zecken. Die Männchen mit dem im echten Sinne des Wortes hervorragenden Gefieder sind demzufolge besonders vitale Burschen, die so rasch nichts umhauen kann. Festgestellt wurde darüber hinaus, dass die unterschiedliche Immunkompetenz genetisch verankert ist. Diese an sich recht komplizierten Sachverhalte durchschauen die Weibchen mit ihrem geübten Blick offenbar sehr genau, wenn sie die Gattenwahl vornehmen und die fittesten Männchen herausfischen. Sie scheinen Expertinnen in Sachen indirekter Immundiagnostik zu sein. Von den bemerkenswerten weiblichen Fähigkeiten wiederum profitieren die eigenen Kinder wie auch deren Väter. Die einen werden mit guten Genen ausgerüstet und erhalten damit Vorteile zum Überleben, die anderen, die bereits gut ausgestatteten Männchen also, können auf Grund ihrer großen Beliebtheit mehr Nachkommen zeugen als ihre kurzschwänzigen Rivalen.

Natürlich kann nicht jedes Schwalbenweibchen das allerbeste Männchen für sich beanspruchen. Im realen Schwalbenleben bekommt auch ein mittelmäßiger Schwalbenmann ein Weibchen ab und das Weibchen muss sich damit abfinden – zunächst. Doch die verpaarten und scheinbar braven Weibchen halten die Augen offen und nutzen jede Gelegenheit zum Spontansex mit so manchem Schwalbenmännchen, dessen Schwanzlänge jene des eigenen Männchens übertrifft. Die Wahl wird kaum jemals auf einen Junggesellen fallen, sondern sehr wahrscheinlich auf einen attraktiven, erfahrenen und fest etablierten Schwalbengatten in festen Händen! Kommen gleich mehrere potentielle Liebhaber in Frage, so fordert manches Weibchen die männlichen Kandidaten zum Wettfliegen auf und entscheidet sich schließlich für den Sieger.

Die im wahrsten Sinne herausragende Bedeutung der Schwanzfedern bei der Partnerwahl ist offenbar kein Einzelfall. Auch bei anderen Vogelarten wurde der Zusammenhang nachgewiesen: Größere Schwanzlänge der Männchen – größerer Zuspruch durch die Weibchen. Damit wird klar, warum Vogelmännchen, wie zum Beispiel auch Hähne, überhaupt lange Schwänze tragen: Die Weibchen finden offenbar seit jeher Gefallen an dieser im wahrsten Sinne des Wortes ausschweifenden Ausstattung und suchen sich immer wieder bevorzugt die Langschwanz-Männchen als Partner aus. Diese Auserwählten haben dadurch größere Chancen, sich zu vermehren und ihre Gene Jahr für Jahr weiterzugeben. Somit sind prächtige Schwänze der Männchen nichts anderes als die Zuchterfolge der Weibchen. Sie sind es, die als Zuchtmeisterinnen agieren, die Auslese vorantreiben und letztlich den Modetrend festlegen.

„Mach schnell" – Kurzehen der Stars

Manche Stars in Hollywood und anderswo pflegen lieber öfter zu heiraten. Das schafft Aufmerksamkeit. Die Bilder der neuen Liebe gehen um die Welt und steigern damit Glamour, Bekanntheit und Marktwert. Und wenn die Schlagzeilen wieder einmal rar werden, wird die Scheidung vermeldet oder erst einmal das Gerücht einer bevorstehenden Trennung gestreut. Der Verschleiß an Partnern ist hoch. Auch manch einem Vogel dauert ein Frühling viel zu lange, um ihn mit ein- und demselben Partner durchzustehen. Dann wird nach Abwechslung gesucht. Allerdings ganz ohne große Öffentlichkeit.

Viele Kleinvögel brüten mehrmals in der Saison – zweimal, dreimal, manchmal sogar viermal nacheinander. Es ist naheliegend, dass diese Bruten im Rahmen einer Saisonehe mit ein- und demselben Partner zustande kommen. Es kann aber auch nach einer abgeschlossenen, erst recht jedoch nach einer gescheiterten Brut, neu gewählt werden. Dann besteht das Vogeljahr nicht nur aus einer Heirat pro Saison, sondern aus einer Reihe von zwei oder drei Eheschließungen. Von einem solchen Fall wurde schon vor fast einhundert Jahren berichtet: „Eheliche Untreue in der Vogelwelt" – ein Skandal! Es ging um ein Starenmännchen, dass nach erfolgreicher Aufzucht der Jungstare aus erster Ehe in einem alten Apfelbaum Wohnort und Partnerin wechselte und in Nachbars Garten eine andere Wohnhöhle bezog und sich für die zweite Brut eine neue Starendame nahm. Das Weibchen aus erster Ehe vergnügte sich indessen mit anderen Starenmännern. Ein solches, als ungeheuerlich empfundenes Verhalten widersprach der damals herrschenden Moral und wurde abschätzig mit dem Begriff „Eheirrungen" umschrieben.

Derartige „Irrungen" gibt es bis heute, und zwar viel häufiger, als man bisher angenommen hatte. Wer als Vogel innerhalb einer Saison den Brutpartner wechselt, hat sich für den Typ der Brutehe entschieden, eine Art Schnellehe. Kurz, aber heftig. Nicht nur der Star neigt zu diesem Beziehungsmodell. Gleich mehrere Singvogelarten finden Gefallen am Wechsel innerhalb einer Saison. Der Ablauf ist klar und scheint unkompliziert: Der Vogel wählt seinen Partner aus, vollzieht die Begattung, gefolgt von Eiablage, Brut und Aufzucht der Jungen. Spätestens dann ist Schluss mit Ehe, zumindest mit dieser. Die nächste Eheschließung folgt im fliegenden Wechsel, oft direkt um die Ecke, nur eben mit einem neuen Partner in einem anderen Nest.

Nicht ohne Grund ist der Star ein herausragender Kandidat für das Modell der Schnellehe. Er, der Star, ist ein echter Verführer. In seinem dunklen, hell getupften und grünviolett glänzenden Prachtkleid gibt er eine Vorstellung vom Feinsten. Von seiner Bühne, einem exponierten Ast, Singwarte genannt, ganz in der Nähe seiner ausgewählten Wohnhöhle, präsentiert er eine perfekte Solo-Show. Seine Gesangsauftritte, garniert mit munteren Plaudereien, witzigen Einlagen aus perfekten Imitationen, wimmernden Tönen und schrillen Pfiffen sind alles andere als langweilig. Die Pfiffe eines Starenvogels haben sogar schon in England den Abbruch eines Fußballspieles erzwungen. Der Star hatte die Schiedsrichterpfeife perfekt nachgeahmt und damit die Fußballstars wie die Zuschauer zur Verzweiflung gebracht. Er pfiff durchdringend, wann er gerade wollte. Der Star und seine Songs haben es in sich. Seine Lieder haben das Zeug zu Ohrwürmern zu werden. Auch hält sich mancher Starenmann für einen angehimmelten Star, dem die Weibchen zu Füßen liegen. Seinem Namen macht er alle Ehre. Dieser oder jener Star steigert seine Verführungskunst noch, indem er seine Höhle mit bunten Blüten auslegt. Der Starenmann weiß wohl, dass das interessierte Weibchen ihm auch einen Hausbesuch abstatten wird. Mit einem Blütenteppich im Liebesnest kann das Starenfräulein eine Einladung nur schwer abschlagen. Gar nicht zimperlich ist der Star, wenn es um die Beschaffung neuen Wohnraumes für die neue Liebe geht. So vertreibt er wild entschlossen Spechte aus ihren frisch gezimmerten Höhlen, um diesen frech angeeigneten Wohnraum für seine Romanzen zu besetzen.

Der Einfallsreichtum der Stare kennt keine Grenzen. Ausgesprochen variantenreich sind die Verpaarungsmuster. Die geschilderte Schnellehe ist nur eine Beziehungsform dieser Vögel. Mancher Star pflegt durchaus die Saisonehe und steht zwei Bruten hintereinander mit ein- und demselben Partner durch. Andere Stare lieben es, auf mehreren Hochzeiten zu tanzen. Das kann entweder – wie soeben geschildert – nacheinander erfolgen oder aber parallel. Selbst Fremdbegattungen ohne jede Hochzeitszeremonie und außerhalb des Ehebundes sind den Staren nicht fremd.

Bei diesem umtriebigen Liebeswandel ist es durchaus klug, eifrig vorzusorgen und ausreichend Wohnraum vorzuhalten. Gleich nach seiner Ankunft im Februar sichert sich ein echter Star oft nicht nur eine, sondern nicht selten noch eine zweite Bruthöhle. Wenn vorhanden, gern auch noch mehr davon. Man kann ja nie wissen, wozu ein zusätzliches Heim gut sein kann! Es ist bekannt, dass die Hälfte der Starenmännchen die Neigung hat, sich mit mehreren Weibchen zu verpaaren. Da ist bezugsfertiger Wohnraum in enger

Nachbarschaft von Vorteil. Mit einem ausdauernden Konzert aus imitierten Melodien, nach dem Motto „alles nur geklaut", pfeift der Starenmann Weibchen herbei. Diese prüfen die präsentierte Wohnhöhle und den dazugehörigen Inhaber. Wird beides für gut befunden, richtet die schnellste weibliche Bewerberin das Nest ein und füllt es mit vier bis sechs Eiern. Das Brüten ist überwiegend eine weibliche Angelegenheit. Ausdauerndes Herumsitzen behagt den Starmännern weniger. Lieber schauen sie sich währenddessen schon mal weiter um, es ist ja noch Platz im Revier und manches Gästezimmer noch unbesetzt. So geschieht es, dass ein dominanter Starenmann pro Brutsaison schon bis zu fünf Weibchen mit je einer Höhle und entsprechendem Inventar versorgt. Besonders kompliziert wird es, wenn die Verpaarungen nicht nacheinander, sondern nahezu parallel stattfinden. Unter diesen Bedingungen kommen auch immer wieder Fremdbegattungen vor, denn der Hauptmann kann nicht überall gleichzeitig Stellung beziehen, aber vielerorts lauern ledige Starenmännchen auf die Gunst der passenden Sekunde.

Dem Nachwuchs fällt das amouröse Treiben der Altvögel nicht auf. Die Jungen aus erster Ehe verfolgen schon ihre eigenen Pläne, während die zweite Brut gedeiht. Die Jungen aus zweiter Ehe erfahren kein Sterbenswörtchen aus der Vergangenheit der Eltern. Und das müssen nicht die schlechtesten Eltern sein. Vor allem sollten sie in den wirklich wichtigen Angelegenheiten zusammenhalten, wenigstens für sechs Wochen. Das hat einen entscheidenden Grund: Der Nachwuchs hockt nach dem Schlupf aus dem Ei hilflos im Nest und braucht ausdauernde Fürsorge. Tag- und Nachtschichten sind gefragt. Beide Elternteile haben mit dem Beschaffen von Futter, der Abfallentsorgung, dem Wärmen und Beschützen der Jungvögel vollauf zu tun. Der Terminplan bei den Staren ist straff gefüllt. Eine Woche Nestbau, Paarung und Eiablage, zwei Wochen Brut, drei Wochen Jungenaufzucht. In diesen Wochen watscheln die Stare unentwegt über Rasenflächen, immer auf der Suche nach wohlschmeckenden Würmern und Insekten. Hat die Versorgung gut geklappt, flattern die Starenkinder wenig später selbstständig durch ihre kleine und immer größer werdende Welt.

Wie die Stars lieben auch die Stare die große Gesellschaft. Die einen, um angehimmelt zu werden, die anderen, um das Leben zwischen Himmel und Erde erfolgreich zu meistern. Wenngleich am Ende nicht immer preisgekrönt, so streben doch beide nach Anerkennung. Dabei spielt es letztlich keine Rolle mehr, wer mit wem im gleichen Nest gelegen hat und wer mit wem mal eine Affäre hatte. Stare sind nicht nachtragend. Umso mehr halten sie alle zusammen, wenn es im Sommer und Herbst darum geht, gemeinsam Kirschbäume und Weinstöcke zu plündern.

Flirt nach Mitternacht –
die Partnerwahl der Nachtigall

Wann sind die Chancen, einen Partner zu finden, am größten? In aller Herrgottsfrühe, am helllichten Tag oder doch mehr am Abend und in der Nacht? Je nachdem, welcher Typ man ist! Das Wichtigste: Nur im wachen Zustand und im Vollbesitz der Kräfte kann die Werbung um eine Liebste oder um einen Liebsten von Erfolg gekrönt sein. Schwäche und Müdigkeit sind bei der Partnerwahl nicht gefragt.

Viele Vögel sind Frühaufsteher. So trällert die Lerche schon eine Stunde und zwanzig Minuten vor dem ersten Sonnenstrahl ihr Liebeslied durch die Weite des kommenden Morgens. Star und Spatz sind eher Langschläfer, sie warten den Sonnenaufgang ab. Ganz anders tickt die Nachtigall. Sie hat ihren Höhenflug um Mitternacht.

Ende April treffen sie bei uns ein, die Nachtigallen. So wie die Rose das Symbol alles Schönen ist, ist die Nachtigall das Symbol der Liebe, der Liebenden und der Dichter. Kein geringerer Dichter als Theodor Storm hat der Nachtigall ein poetisches Denkmal gesetzt: „…es hat die Nachtigall die ganze Nacht gesungen, da sind von ihrem süßen Schall, da sind in Hall und Widerhall die Rosen aufgesprungen". In den Volkstraditionen kündigt die Nachtigall den Frühling an – es ist der Vogel des Wonnemonats Mai. Früher galt der Gesang der Nachtigall gar als schmerzlindernd und sollte dem Sterbenden einen sanften Tod und dem Kranken eine rasche Genesung bringen.

Die Männchen der Nachtigallen haben es im Frühjahr besonders eilig. Der Liebesgott scheint sie zu rufen. Einsam fliegen sie durch die Nacht Richtung Norden und treffen lange vor den Weibchen in ihrer alten Heimat ein. Im Geäst des bekannten Baumes wird der vertraute Posten bezogen. Trotz der zurückliegenden langen Reise aus dem Herzen Afrikas und der körperlichen Erschöpfung wird als Erstes ein Lied angestimmt, das Lied der Nachtigall.

Der Name der Nachtigall leitet sich von ihren Sangeskünsten ab. Althochdeutsch „gal" bedeutet „Gesang", die Nachtigall ist also der „Nachtsänger" schlechthin. Trotz ihres Namens singen Nachtigallen auch am Tage, allerdings mit weniger Einsatz. Erst in der Nacht kommt ihr Vortrag voll zur Geltung, zumal die meisten anderen Vögel dann schweigen und es auch sonst eher ruhig ist. Der Gesang der Nachtigall klingt wohltönend, ist abwechslungsreich und wird als einer der schönsten Gesänge der Vogelwelt empfunden. Der Nachtgesang dient vor allem zum Anlocken einer Partnerin. Der Gesang ab der Morgendämmerung ist dagegen zur Verteidigung des Reviers gegen andere Männchen gedacht. Nachtigallenmännchen beherrschen zwischen 120 und 260 unterschiedliche Strophen, von denen die meisten zwei bis vier Sekunden lang sind. Das extrem umfangreiche Repertoire ist unter den europäischen Singvögeln einzigartig. Unverkennbar ist der Nachtigallengesang durch sein rhythmisches „Schlagen", ein kraftvolles Stakkato. Hinzu kommt das eindringliche, wehmütige „Schluchzen", eine Reihe von immer schneller werdenden Pfeiftönen, die in einem Crescendo münden. Hochrangige, meist ältere Männchen, geben sich durch besonders viele Pfeiftöne zu erkennen. Es fällt auf, dass in der Nacht besonders häufig geschluchzt wird.

Erst Tage oder besser Nächte später treffen die Weibchen ein und begeben sich auf Männersuche.

Bevorzugt zwischen Mitternacht und vier Uhr morgens streifen die Weibchen dann kilometerweit umher und suchen mehrere Männchen auf, um deren Liedvorträgen zu lauschen. Sie vergleichen die

Gesangsvorträge und wählen ihren künftigen Partner nach akustischen Signalen aus, eine blinde Partnerwahl gewissermaßen. Da kommt das eindringliche Schluchzen gut an. Den Weibchen geht es darum, das beste Männchen zu finden. Dabei können sie ziemlich wählerisch sein, denn die Zahl der Männchen ist stets größer als die Nachfrage. Der chronische Weibchenmangel spornt die Männchen erst recht zu Höchstleistungen an. Die kraftvollsten Sangesdarbietungen erregen die größte Aufmerksamkeit. Aber auch die Virtuosität ist für die Partnerwahl ausschlaggebend. Ein vielseitiger Sänger, der mit besonders zahlreichen Strophen zu glänzen weiß, wird als Partner bevorzugt. Das Leben zu zweit sollte nicht langweilig sein. Und gute Sänger, so eine anerkannte Regel, schaffen viele Kinder. In der Tat findet sich in den Nestern der tüchtigsten Sänger der meiste Nachwuchs. Meisterhafte Sänger sind eben keine Schlappschwänze. Ist schließlich die Paarbildung vollzogen, stellt der frisch vermählte Nachtigallenmann seinen Gesang ein. Ab Mitte Mai schweigt der glückliche Gatte. Wer dennoch singt, ist noch unverpaart, ein Suchender, der die Hoffnung nicht aufgeben will und bis in den Juni hinein seine Strophen zum Besten gibt. Es sind also die unglücklichen Gesellen, die uns Menschen die längste Zeit beglücken und die Frühlingsnächte versüßen.

Noch vor einhundert Jahren glaubten die Menschen, dass die Vögel eine treue und vor allem eine dauerhafte Beziehung leben. Der Anblick sorgender Vogelpaare, die sich aufopferungsvoll dem Wohl des Nachwuchses hingeben, schürte den Glauben an die Vorstellung, dass Männchen und Weibchen sich „getreulich die Freuden und Leiden der Ehe teilen." Die Vogelehe behält in vielen Fällen, so dachte und wünschte man, ihre Gültigkeit für das ganze Leben. „Der Tod eines der Gatten erst löst ihre Bande", so lautete das Credo. Klar erkennbare, weil gekennzeichnete Nachtigallenpaare, die alljährlich zu ihrem persönlichen Brutplatz zurückkehrten, stützten zunächst die Annahme der Dauerehe als Regelfall. Doch heute wissen wir mehr. Die bei Nachtigallen häufig anzutreffende Partnertreue ist nur eine scheinbare Treue. Sehr oft ist die Bindung an den Brutplatz die entscheidende Triebkraft, weniger die Zuneigung zum Partner. Die besten Plätze werden naturgemäß auch von den besten Sängern besetzt. So treffen sich Männchen und Weibchen, wenn sie Glück haben, zur richtigen Zeit an ihrem liebgewordenen Stammplatz und gehen aus rein praktischen Gründen eine erneute Bindung miteinander ein.

Unbekannt ist uns, ob sich die vorjährigen Partner beim Aufeinandertreffen wiedererkennen, nachdem sie sich ein halbes Jahr lang nicht gesehen haben. Immerhin sind aber die Nachtigallen ihrem Partner in der Regel treu, solange die Saison dauert. Die Männchen verlassen sich allerdings nicht auf das einmal gegebene Ja-Wort ihres Weibchens. Nachtigallen-Männer beugen unliebsamen Zwischenfällen vor und bewachen ihre Partnerin eifersüchtig während der gesamten fruchtbaren Phase von der Paarung bis zur Eiablage. Die Männchen treiben ihre Weibchen in dieser Zeit sogar energisch zum Nest zurück, sobald sie sich zu weit entfernen. Die Vaterschaft soll auf gar keinen Fall in Frage gestellt werden.

Kaum bekannt ist, dass auch die Nachtigallen-Weibchen singen. Allerdings trällern sie nur auf dem Nest und recht leise vor sich hin. Der weibliche Gesang dient meist dem Paarzusammenhalt und der Beschwichtigung aggressiver Männchen, weniger dem Werben oder gar der Verteidigung. Vielleicht sind es auch die Wiegenlieder für den Nachwuchs?

Das Sprichwort „Was Hänschen nicht lernt, lernt Hans nimmermehr" gilt auch für Vögel. Wie sollen aber die jungen Nachtigallen ihre Lieder lernen, wenn ihre Väter den Gesang eingestellt haben? Zu unserer Beruhigung: Es gibt nach dem Flüggewerden Gesangsunterricht, zwei Wochen lang. Sind die Jungvögel soweit, besinnen sich die Väter auf ihre Sangeskünste. Auch benachbarte Junggesellen bieten sich als Gesangslehrer an. Je mehr gute Lehrer dem jungen Vogelvolk zur Verfügung stehen, desto umfangreicher wird deren Gesangsrepertoire. Dieses Programm ist der Kapitalstock für jeden Singvogelmann. Je höher er aufgestockt ist, umso größer sind seine Zukunftschancen.

Die jungen Nachtigallen scheinen ausgesprochen faule Musikschüler zu sein, sie üben nicht, sie hören zunächst nur zu. Erst im Dezember, im afrikanischen Winterquartier, besinnen sie sich der im Juni gehörten Melodien und beginnen zu proben. Mehr als Geplapper - Subsong genannt - ist es erst einmal nicht. So wird weiter geprobt, im Winterquartier und selbst auf der langen Reise nach Europa.

Ganz in Weiß –
Schwanenpaare mögen's lebenslänglich

Ganz in Weiß – die vielbesungene Traumhochzeit? Weiß ist die Farbe der Unschuld. Wer als Braut in Weiß heiratet, zeigt an, den Traumprinzen gefunden zu haben. Die eheliche Beziehung soll von Dauer sein, nicht nur für einen Sommer, ein Leben lang soll die Liebe währen. Ein schöner Traum. Auch Männer haben ihre Träume. Um sich die Treue ihrer Angebeteten zu sichern, legten sie früher den Ehering der Braut vor der Trauung eine Zeitlang in das Nest eines brütenden Schwanes, auf dass die sagenhafte Treue der Schwäne abfärben möge.

Diese Vorbilder leben auf unseren Seen und sind nicht zu übersehen: Die Schwäne – große, majestätisch wirkende Vögel in eleganter Haltung und im strahlend weißen Federkleid gelten als ein Symbol der Reinheit. Meist sind sie zu zweit unterwegs als Paar, scheinbar unzertrennlich. Herr Schwan trägt als Erkennungszeichen einen auffallend großen schwarzen Höcker auf seinem rotorangefarbenen Oberschnabel. Vor allem in seiner Imponierhaltung wirkt der männliche Vertreter deutlich größer. Er hat nicht nur etwas mehr Masse zu bieten, er pflegt sich vor allem mit Hilfe seines Gefieders aufzublasen. Er hebt segelartig seine Schwingen an - viel heiße Luft also, eben typisch männlich.

Die meisten Vogelarten bevorzugen die Form des paarweisen Zusammenlebens. Es ist eine Entscheidung für die Monogamie, für die Einehe. Eine solche Zweierbeziehung kann, muss aber nicht auf Dauer angelegt sein. Wird die Partnerschaft nur für eine begrenzte Zeit gelebt, dann wird der Partner zum Lebensabschnittsgefährten.

Das ist bei den meisten Singvögeln so. Deren Lebenszeit ist kurz, und es lohnt offenbar nicht, an einem Partner festzuhalten, wenn dessen Chance zum Überleben bis zum kommenden Frühling sehr begrenzt ist. Schwäne haben sich dagegen für das klassische Ehemodell entschieden, für das Modell eines festgefügten Ehepaares. Sie sind aus anderem Holz geschnitzt. Schwäne sind langlebig. Hat sich ein Schwanenpaar erst einmal gefunden, bleibt es in der Regel lebenslang beieinander. Eine Art nachhaltige Ehe, so wie die Ehe auch beim Menschengeschlecht einmal gedacht war. Schwäne sind geradezu ein Musterbeispiel für das Modell der Dauerehe. Natürlich gibt es immer wieder Ausnahmen und Regelabweichungen, die vom wachsenden menschlichen Forschergeist aufgespürt werden. Dennoch bleibt es bei der Regel: Schwäne halten zusammen – bis der Tod sie scheidet.

Ehe sich zwei Schwäne endgültig füreinander entscheiden, vergehen allerdings drei, oft aber vier Jahre – für Vögel eine vergleichsweise lange Zeit. Es sind die wilden Jahre, die Junggesellen- und Junggesellinnenzeit. Die Jungschwäne lösen sich vor ihrem ersten Geburtstag von ihren Eltern - wenn nicht freiwillig, so werden sie vertrieben - und ziehen in Trupps durch die Lande. Sie streifen über Felder und Wiesen und tummeln sich auf dem Wasser – ein scheinbar sorgenfreies Dasein. Doch hinter den Kulissen bereitet man sich schon auf den Ernst – oder doch besser die Lust? – des Lebens vor: Man lernt sich kennen. Schwan ist eben nicht gleich Schwan, auch wenn sie alle weiß aussehen. Da gibt es mutige und übermütige, aber auch eher zurückhaltende Typen. So wird in jungen Schwanenjahren getestet, wer zu wem gut passen könnte. Die Wahl muss gründlich vorbereitet werden, denn es hängt viel davon ab, sehr viel. Wer möchte sich schon ein Leben lang auf die Füße treten oder sich mit einem langweiligen Partner herumärgern? Zwischen Frau und Mann ist Harmonie gefragt, will man es ein Leben lang miteinander aushalten.

Bei unseren heimischen Höckerschwänen vollzieht sich die Partnerwahl eher still und ohne großes Aufsehen – zumindest für den menschlichen Betrachter. Man kann dennoch sicher sein, dass manches Rendezvous von Herzklopfen begleitet ist. Schwanenmännchen und Schwanenweibchen schwimmen dabei nahe beieinander über das Wasser, vollführen elegante Bewegungen mit ihren Hälsen und schwenken ihre Köpfe. Sie verbeugen sich und zollen sich gegenseitig Hochachtung. Als besondere Form enger Zuneigung legen sie ihre Hälse über Kreuz. Ein wahrhaft schönes, ein symbolisches Zeichen für die sich anbahnende Zusammengehörigkeit.

Bei den verwandten Singschwänen geht es deutlich turbulenter zu. Trotz ungemütlicher Temperaturen, die uns nicht gerade zum Flirten einladen würden, suchen sich die Singschwäne ihren Lebensgefährten inmitten von Eis und Schnee aus. Mit viel Temperament veranstalten die etwas kleineren weißen Vögel mit den gelbschwarzen Schnäbeln ihre Gruppenbalz, heiße Spiele in eiskaltem Wasser. Ihre Rituale mit den posaunenartigen und sich steigernden Rufen sind nicht nur tagsüber, sondern auch in der Nacht kilometerweit zu hören. Der Hormonwecker hat geschrillt. Mit zunehmender Tageslänge steigt nämlich schon im Januar der Hormonspiegel, und der nötigt zum Handeln. Spektakel dieser Art haben ihre Parallelen in der Menschenwelt: Trubel und rhythmische Klänge, Gesang und Tanz wecken die Neugier und locken an. Wer Abenteuer oder Abwechslung sucht, fliegt oder fährt dorthin, wo der Bär los ist.

Für die Singschwäne, die uns im Frühling verlassen und zum Brüten in den hohen Norden ziehen, ist es sinnvoll, die Balz, das Auswählen und Sich-Zueinander-Finden vorzuziehen. Ihr langer Winteraufenthalt in Mitteleuropa bietet sich für eine gediegene Partnersuche an. Denn der Sommer in der nördlichen Tundra ist kurz, zu kostbar sind die Tage, um sie mit Experimenten und Spielereien mit einem womöglich unpassenden Partner zu verschwenden. Da ist es nur gut, wenn einem Schwan nicht mehr nur schwant, mit wem er die fruchtbare Zeit verbringen wird, sondern rechtzeitig für klare Verhältnisse gesorgt hat.

Um eine Familie zu ernähren, brauchen große Vögel große Reviere. Damit wird sichergestellt, dass jederzeit für alle Familienmitglieder genug Nahrung vorhanden ist. Schwäne brauchen notgedrungen ein großes Wassergrundstück. Schließlich sind es Wasservögel. Doch Wassergrundstücke sind rar, hochbegehrt und teuer dazu. Hat ein

Schwan mit Glück dennoch ein freies Areal gefunden, dann beginnt die wohl härteste Arbeit, bei welcher der ganze Mann gefordert ist: das Wohneigentum muss in Besitz genommen und verteidigt werden. Denn auch andere Schwäne suchen einen guten Platz für ihre familiären Vorhaben. Der männliche Schwan muss nun zeigen, was in ihm steckt. Er ist generell der Verteidigungsminister der Familie Schwan. Minister heißt übersetzt „Diener". Mancher Minister in der Menschenwelt hat diese Wortbedeutung vergessen und verwechselt seine Tätigkeit mit einem „Verdiener". Doch Geld nützt dem Schwan nichts. Der Preis des Grundstückes ist dessen permanente Verteidigung und Sicherung gegen unerwünschte Übergriffe. Nähert sich ein Eindringling, trumpft der Revierbesitzer auf und kommt – eine große Bugwelle vor sich herschiebend – ruckartig und mit hohem Tempo herbei, hebt bedrohlich die Flügel und faucht furchterregend, bis der unerwünschte Konkurrent bedingungslos den Rückzug antritt. In ernsteren Fällen wird gebissen und mit den Flügeln zugeschlagen, manchmal kommt es gar zum Luftkampf bis zur Vertreibung.

Das erste große Gemeinschaftsprojekt eines frisch vermählten Schwanenpaares ist der Nestbau auf dem erworbenen Grundstück. Ohne Nestwärme keine Schwanenkinder! Schwäne sind mit einem Körpergewicht von über zehn Kilogramm und einer Länge von anderthalb Metern sehr groß. Das zu bauende Nest muss somit eine beträchtliche Dimension haben, bis zu zwei Meter im Durchmesser. Unmengen von Baumaterial müssen herangeschafft werden. Das ist eindeutig Männersache. Zweige und Schilfhalme werden auf dem Wasserweg herantransportiert. Es handelt sich dabei ausschließlich um Naturbaustoffe, biologisch restlos abbaubar. Die Baustoffe werden am Nest an das Weibchen weitergegeben. Sie hat die Aufgaben einer Familienministerin zu erledigen und ist für das Wohl der Familie zuständig. Außerdem ist sie die Innenarchitektin. Sie verbaut das gelieferte Material zu einem stabilen, kuscheligen Nest, am besten auf einer kleinen Insel oder im unzugänglichen Schilfdickicht. Auch Schwäne wollen ihre Privatsphäre gewahrt wissen. Wer will schon ständig von zwei- oder vierbeinigen Besuchern belästigt werden?

Geht es mit dem Nestbau flott voran, ist es ein gutes Zeichen für eine intakte Schwanenehe. Während dessen reifen die Eier im Bauch, genauer gesagt im Eierstock der Schwanenfrau heran. Was jetzt noch fehlt, bevor eine Eierschale die Sache abrundet, sind die Samenzellen vom Schwanengatten. Schwäne lieben sich generell im Wasserbett. Sie schwimmen einträchtig nebeneinander her und mit einem gegenseitigen Kopfnicken geben sie ihre Einwilligung zum natürlichsten Vorgang der Welt, zur Begattung. Unmittelbar davor tauchen die Vögel mit ihren Hälsen rhythmisch ins Wasser ein und atmen gurgelnd aus. Dann ist es soweit. Das Schwanenweibchen legt seinen Hals flach über das Wasser, und signalisiert so seine Paarungsbereitschaft. Dann ist der Moment des Aufstiegs gekommen. Doch zu diesem Zwecke muss der schwimmende Schwanenmann auf die ebenso schwimmende Schwanenfrau klettern. Wer schon einmal als Schwimmer direkt aus dem Wasser auf ein Boot steigen wollte, weiß, wieviel Kraft das erfordert. Dabei können wir noch die Arme zur Hilfe nehmen und uns mit den Händen festhalten. Diese sind aber beim Schwan zum Flügel umgebaut und als Kletterhilfe denkbar ungeeignet. Und wo ist der Haltegriff beim Weibchen zu finden? Den Schwanenrücken des Weibchens dennoch erklommen hält sich der Schwanenmann mit seinem Schnabel am Hals des Weibchens fest. Das Schwergewicht des Kolosses führt zwangsläufig zu mehr Tiefgang beim Weibchen. Ein schwieriger Akt, ohne den es allerdings keine Schwanenkinder gäbe! Als Schlussakkord und letzter Akt werden merkwürdig schnarrende, gurgelnde und pfeifende Geräusche in die Welt posaunt.

Ganz Familie – die geselligen Gänse

Die echten Dauerehen, in denen Tisch und Bett tagtäglich das ganze Jahr, ja selbst das ganze Leben miteinander geteilt werden, sind, verglichen mit der Vielzahl von Vogelarten, recht rar. Nur eine

Minderheit von Arten ist dazu befähigt, unablässig ein Leben zu zweit zu führen. Vor allem sind es größere Vogelarten, die länger an ihrem auserwählten Partner festhalten. Schwäne, Gänse, Kraniche, Adler und andere Greifvögel sowie Rabenvögel, Möwen, Stadttauben und Eulen sind die wichtigsten Vertreter dieses aus menschlicher Sicht klassischen Ehemodells. „Ehe" kommt von „ehern", was so viel wie „eisern" oder „felsenfest" bedeutet. Nichts und niemand kann daran ernsthaft rütteln.

Neben den Schwänen gelten auch Gänse als besonders ehefest, obwohl Gänse deutlich geselliger leben als Schwäne. Die meiste Zeit verbringen sie in kleineren Trupps oder in größeren Schwärmen und kommunizieren lebhaft miteinander. Dennoch sind die Partnerbeziehungen klar definiert. Männchen und Weibchen sind so stark aneinander gebunden wie bei kaum einer anderen Vogelart. Wer einmal einer ihren Gemahl suchenden Einzelgans begegnet ist und ihren Klageruf vernommen hat, mag dies nachvollziehen können. Geht einer Gans der Partner verloren, dann trauert die Witwe oder der Witwer sichtbar und bleibt auf längere Zeit alleinstehend. Doch nach einem halben Jahr endet die Trauerphase, und sie gehen eine neue feste Bindung ein, sofern sich dazu ein Partner findet.

Und so beginnt die Love-Story bei unseren wildlebenden Graugänsen: Gänsemädchen und Gänsejünglinge finden ab dem zweiten Lebensjahr zueinander. Die Gänse sind überwiegend ihrem Geburtsort treu und kehren von ihren Winterreisen dorthin zurück, wo sie einst selbst aus dem Ei schlüpften. Die heranwachsenden Gänsejünglinge spielen öfter die Rolle der Suchenden und Umherstreifenden. Begegnen sie in einer Gänsegesellschaft einem jungen, attraktiven Gänsefräulein, dann ergreift der junge Ganter die Initiative, und die Gans wartet ab.

 Er geht auf das zu erobernde Weibchen zu und mit schnappenden Bewegungen und lauten Tönen tut er so, als würde er das Gänsefräulein gern für sich wegschnappen. Mit diesem Imponiergehabe fordert er das Weibchen auf, ihm zu folgen. Die so verlobten Paare leben dann eine gewisse Zeit zusammen. Diese wird genutzt, um sich durch gemeinsame Erfahrungen und Erlebnisse im Alltag näher kennenzulernen. Sie gehen gemeinsam auf die Weide, um Gras zu zupfen oder sie schwimmen paarweise auf dem Wasser umher. Ganz sicher wird auch die Kommunikation, die Verständigung geübt, um groben Missverständnissen vorzubeugen und um die Bedürfnisse des Partners in Erfahrung zu bringen. Es geht letztlich darum, eine gemeinsame Sprache zu finden.

Verlobungszeit ist daher nicht nur Kennenlernzeit, sondern auch die Zeit, sich anzupassen und zu bewähren. Unvorhergesehene Zwischenfälle kommen immer wieder vor und müssen gemeistert werden. Wenn sich zum Beispiel ein Eindringling den Verlobten ungebührlich nähert, dann kann der junge Ganter seiner auserwählten Gans zeigen, was in ihm steckt: Er vertreibt den Rivalen, gefolgt von einem weithin hörbaren und sich überschlagendem Triumphgeschrei frei nach dem Motto: „Bin ich nicht ein toller Kerl?". So kehrt er zu seiner Verlobten zurück, um sich feiern zu lassen. Die weibliche Anerkennung ist ihm gewiss. Das Weibchen stimmt prompt in das Triumphgeschrei ein und signalisiert ihm höchste Bewunderung: „Fein gemacht!" So tasten sich junge Gänse aneinander heran. Erst im dritten, oft auch im vierten Jahr oder noch später sind die Gänse mit ihren ersten Brutgeschäften an der Reihe, vorausgesetzt, die Verlobung geht nicht vorher in die Brüche.

Gänsepaare leben am liebsten in lockeren Verbänden aus mehreren Paaren. Eine Art Wohngemeinschaft aus einer Handvoll Parteien. Sie bleiben in Sichtkontakt, aber immer in einem gewissen Abstand zueinander. Mit dem Brüten beginnen die Nachbarschaftspaare annähernd gleichzeitig, so, als hätten sie sich in der Hausgemeinschaft abgestimmt. Während die Gans auf den Eiern sitzt und brütet, schiebt der Gänserich Wache. Schlüpfen nach vier Wochen die jungen Gössel, dann gibt es für die ganze Gänsesippschaft eine Riesengeburtstagsfeier. Schon einen Tag nach dem Schlüpfen wird im Gänsemarsch das Wasser aufgesucht und losgeschwommen. Die Gänsemutter immer vorneweg, dann wie aufgereiht die Gössel und am Ende der Kette der Gänsevater, der das Geschehen überwacht und aufpasst, dass niemand verloren geht. Nähert sich ein Angreifer, der sich für die zarten Gössel interessiert, wird er mit Bissen und Flügelschlägen vertrieben. Und Angreifer gibt es zuhauf: Greifvögel von oben, Hechte und Welse von unten, Füchse und Hunde vom Land her. Zu den Schwimmstunden, anfangs vor allem in der Dämmerung zu beobachten, bewegen sich meist mehrere Gänsefamilien gleichzeitig über den See. Es scheint wie abgesprochen und ist es wohl auch.

Die Verständigung zwischen Eltern und Kindern beginnt schon zwei Tage vor dem Schlüpfen. Wie das geht? Es wird drahtlos durch die Eischale telefoniert. So ruft der Nachwuchs aus der Innenwelt die Altvögel in der Außenwelt an und teilt sein Befinden mit. Hat schließlich ein Küken mit seinem scharfen Eizahn die Eischale gesprengt, hält es erst einmal einen Augenblick inne, ehe es sich nach einigen Minuten mit dem Spruch „wi-wi-wi-wi" zu Wort meldet. Dann antwortet die Gänsemutti im beruhigenden Ton „ga-ga-ga-ga". Die Küken prägen sich Aussehen und Stimme ihrer Mutter gut ein, denn ihr müssen sie in wenigen Stunden folgen und dürfen sie nicht aus den Augen verlieren.

Gänsefamilien halten lange zusammen. Sie fliegen sogar gemeinsam ins Winterquartier und zurück. So lernen die Jungen von den Alten die besten Wanderrouten und die attraktivsten Rastplätze kennen. Doch irgendwann findet das schönste Familienleben ein Ende. Im nächsten Frühjahr, wenn die neue Brut bevorsteht, müssen die Jungen von den Alten weichen. Das tun die Halbwüchsigen meist nicht freiwillig. Auch nicht nach gutem Zureden. Wer verlässt schon gern seinen vertrauten Platz? Da hilft nur konsequentes Vertreiben. Und das ist Sache des Gänsevaters. Er muss für Ordnung sorgen! Schließlich müssen die Jungen lernen, auf eigenen Füßen zu stehen. Doch einzeln fühlen sich Gänse unwohl. So schließen sie sich im Teenageralter erst einmal mit anderen Halbwüchsigen zusammen. Ein Trost: Die Trennung von der Familie ist bei den Gänsen nicht endgültig. Zum Herbst stoßen die Eltern mit ihrem jüngsten Nachwuchs wieder dazu. Auch Onkel, Tanten, Nichten und Neffen finden sich zum großen Familientreffen ein. So wächst die Gänseschar in die Hunderte von Vögeln und das legendäre Schnattern der Gänse erreicht seinen Höhepunkt – Wiedersehensfreude auf Gänseart. Egal ob auf der Weide, auf dem Wasser oder in der Luft, Gänse haben sich immer etwas zu erzählen – typisch Großfamilie.

Tanzen auf der Wiese – Szenen einer Kranichehe

Gemeinsam auf der Wiese tanzen, Rhythmen schlagen und musizieren, immer für einander da sein und wenn es soweit ist, miteinander für den Nachwuchs sorgen – ein scheinbar ideales Modell für eine Beziehung. Genau das zeichnet das Leben der Kraniche aus, es ist ihr ureigenes Partnerschaftsprinzip. Einfach mustergültig.

Kraniche sind majestätische Vögel. Man erkennt sie gleich auf den ersten Blick an ihrem langen Hals und ihren langen Beinen. Auf dem Kopf tragen sie einen leuchtend roten Fleck, hinten wird der unauffällige Schwanz von den langen Schwingen ihrer eleganten Fledermausärmel in den Schatten gestellt. Mit einer Flügelspannweite von 2,40 Metern gehören sie zu den größten Vögeln überhaupt.

Seit Jahrtausenden schon haben Kraniche die Menschen fasziniert und deren Phantasie in Mythen, in Kunst und Dichtung beflügelt. Die alten Ägypter verehrten sie als „Sonnenvögel" und opferten sie den Göttern. Weil mit ihnen Sonne und Wärme zurückkehrten, werden sie in vielen Ländern als „Vögel des Glücks" angesehen. In China gelten Kraniche bis heute als Symbol für langes Leben und Weisheit.

Klug und weise erscheinen die Kraniche auch in Lebensfragen, fürwahr! Bis zu der endgültigen Entscheidung, eine Familie zu gründen, vergehen bei ihnen fünf Lebensjahre. Sie lassen sich viel Zeit in dieser Such-Beziehung. Kraniche kommunizieren ausgiebig miteinander, ganz auf ihre Art. Ihre wichtigste Lautäußerung ist der Duett-Ruf, eine rhythmische Tonfolge beider Partner. Diese trompetenartigen Rufe sind kilometerweit zu hören. Das Männchen beginnt mit ein bis zwei Tönen und das Weibchen folgt mit zwei bis vier höheren Tönen. Es ist aber keineswegs immer das Männchen, das den Ton angibt. Oft kann auch das Weibchen anstimmen und der männliche Partner schließt sich an. Die schmetternden Rufreihen werden regelmäßig im Morgengrauen im Brutrevier ausgesendet. Kopf und Schnabel sind dabei nach oben gerichtet und die Schwingen angehoben. Die Partner stehen dicht beieinander, so als wollten sie ihre Zusammengehörigkeit demonstrieren. Manchmal gehen sie auch gemessenen Schrittes nebeneinander über die Wiese ähnlich einem Brautpaar auf dem feierlichen Weg zum Traualtar. Diese engen Paarbeziehungen spielen sich bei Kranichen eher im Verborgenen ab, gut versteckt in einsamen, sumpfigen Landschaften. Kommen andere Kraniche als Störenfriede in das Liebesrevier, dann werden die Eindringlinge unmissverständlich zum Rückzug aufgefordert. Beide Partner, Männchen wie Weibchen, nehmen dann die Rolle der Verteidiger ein. Wird der Aufforderung, den Platz zu räumen, nicht Folge geleistet, kommt es hart auf hart: Das revierbesitzende Männchen greift das gegnerische Männchen an, sein Weibchen knöpft sich das fremde Weibchen vor. Niemals aber greift ein Männchen ein Weibchen an! Dies ist ganz und gar Frauensache. Die Gewinner solcher kämpferischen Auseinandersetzungen sind meist die Revierinhaber, vorausgesetzt, sie sind rundherum fit und stark genug. Mit triumphierenden Rufen feiert das Siegerpaar die Vertreibung der Eindringlinge und der traute Frieden ist somit wieder hergestellt.

Besonders anrührende Szenen einer Vogelehe präsentieren uns die Kraniche mit ihren ausgiebigen Tänzen. Wie keine andere Vogelart lieben die Kraniche das Tanzen zu zweit. Ihre Tanzstunden finden in aller Heimlichkeit statt. Eistänzern gleich täuschen sie Schwerelosigkeit vor. Hüpfen, Springen und Flügelschlagen wechseln einander ab. Ganz wichtig ist, dass die Bewegungsabläufe aufeinander abgestimmt, synchronisiert werden, damit man sich beim Leben zu zweit nicht auf die Füße tritt. Die Tanzstundenzeit im Menschenleben verfolgt letztlich ein ähnliches Ziel, nämlich einen Abbau der Reibungspunkte und das Harmonisieren der Schwingungen und Bewegungen. Ist die Zeit gekommen, nähern sich die Tänzer dem Höhepunkt ihrer Zweierbeziehung, der Kopulation. Auch hierbei hat die Gleichberechtigung Einzug gehalten. Mal gibt das Weibchen, mal das Männchen dazu den Anstoß. Das Weibchen lockt durch Aufrichten des Körpers und Abwinkeln der Flügel. Mit gurrenden Lauten fordert es sein auserwähltes Männchen auf, tätig zu werden und aufzuspringen. Das scheint in unseren Augen eine wacklige Angelegenheit zu sein, doch der Schein trügt. Gekonnt ist gekonnt. Nach jeder erfolgreichen Kopulation ertönen die typischen

Kranich-Fanfaren. Benachbarten Kranichen bleiben diese morgendlichen Liebes-Aktivitäten nicht verborgen. Sie fühlen sich dadurch animiert, zumindest mit eigenen Rufen einzustimmen – eine Art Glückwunschtelegramm? Bald darauf werden vom Weibchen zwei Eier gelegt. Zur Brutzeit wird es dann ganz still und heimlich. Man könnte glauben, die lautstarken Tänzer seien ausgewandert. Niemand soll von ihrer Anwesenheit erfahren, kein Schwein und auch kein Mensch. Die Wildschweine und die Menschen sind die größten Feinde im Leben der Kraniche. Die einen rauben den Vögeln die Eier, die anderen die nötige Ruhe. Erst wenn alle Gefahren gut überstanden und der Nachwuchs erfolgreich aufgezogen wurde, machen sich die Kraniche wieder bemerkbar.

Alle Lebensfragen des Kranichpaares scheinen im gegenseitigen, partnerschaftlichen Einvernehmen geklärt zu werden. Keiner der beiden Partner gilt von vornherein als Bestimmer, keiner von beiden ist dominant. Beide müssen sich anstrengen und umeinander werben. Wie bei der Begattung, so herrscht auch im Alltag Gleichberechtigung und vorbildliche Arbeitsteilung. Beide bauen, beide verteidigen, beide brüten, beide betreuen die Jungen. Ein perfekt eingespieltes Eheteam.

Zweimal im Jahr ziehen die Kraniche über unsere Köpfe hinweg. Noch bevor man sie sieht, hört man ihre trompetenartigen Laute. Die nach Fernweh klingenden Rufe werden durch eine meterlange Luftröhre, einen großen Resonanzraum, ermöglicht. Blickt man zum Himmel, erkennt man den Trupp wohlgeordnet segelnd an der typischen „Eins", der Keilformation. Im Herbst ist der Keil nach Süden, im Frühjahr nach Norden gerichtet.

Während des Vogelzuges bleiben diese Gruppen zusammen. Hat ein Einzelvogel bei Nebel oder in der Dunkelheit die Gruppe aus den Augen verloren, wird ein lauter Kontaktruf ausgesendet, bis man sich wieder gefunden hat. Und was das Schönste ist: Tanz und Gesang der Kraniche hören nicht auf, selbst wenn die Arbeit getan ist und die Jungen schon groß sind. Funkstille, wie bei vielen anderen Vogelpaaren nach dem Ausfliegen der Jungen, kommt bei Kranichen nicht vor. Es wird weiter musiziert, und selbst in der kalten Jahreszeit tanzen sich die geselligen Vögel warm. Gemeinsame

Rituale wie diese stärken die Bindungen. Alt und Jung bleiben erstaunlich lange beieinander, sie bilden eine große Familie und leben im wahrsten Sinne des Wortes im Einklang.

Fürwahr, eine schöne Geschichte und eine wahre Geschichte dazu. Doch für eine dauerhaft-harmonische Liebesbeziehung gibt es keine Gewähr. Von einem besonders kräftigen Kranich wurde eine ganz andere Biografie bekannt. Man nannte ihn Oliver. Einige Jahre lang trieb er sich mit anderen Junggesellen herum, ehe er mannhaft wurde und sich ein Weib nahm. Beide trugen einen Farbring am Bein – ihren Personalausweis gewissermaßen. Ein beringtes Paar mit einem tollen Revier – ein Volltreffer! Aber was tat der große, starke Oliver? Er verließ sein Weibchen und suchte sich eine andere. Wo? Natürlich auf seiner Reise ins Winterquartier. Mit neuem Glück kam er zurück. Aber Wochen später erschien auch seine Ehemalige. Es begannen Tage, an denen die Fetzen flogen. Die Rechtmäßige vertrieb schließlich die Neue samt Küken, wurde Mutter und Oliver erneut Vater. Im nächsten Jahr ein ähnliches Spiel. Oliver liebte offenbar die Abwechslung und nahm sich eine andere Partnerin, eine Jüngere. Das hielt aber nicht lange vor, sie verließ ihn oder er sie, jedenfalls kehrte er wieder mit einer anderen aus den Winterferien zurück. Mit den Jahren aber begannen seine Schwierigkeiten, eine Beinverletzung, Oliver kränkelte. Ein anderes Paar trat auf die Bühne und wollte ihm das schöne Revier streitig machen. Eines Tages kam es zu heftigem Zank um das Grundstück, dass die Eier vom Nest ins Wasser kullerten, die Brut war verloren. Im kommenden Frühling kam Oliver nicht zurück, seine Partnerin aber schon – mit jenem anderen, der im Vorjahr ihr Gelege vernichtet hatte! Sie hatten sich wohl versöhnt. Mit dem damaligen Gegner besetzte sie ihr Revier und sie brüteten mit Erfolg. Erst spät im Frühjahr traf Oli ein, sichtlich krank und lahm. Im August fand man ihn wieder – aber anders als gedacht. Sein Federkleid, die großen Knochen, die langen Beine lagen als unverwertbare Reste im Gebüsch, vom Fuchs zurückgelassen.

Storchenliebe – mit dem Nest verheiratet

Es soll Menschen geben, die lieben ihr Haus mehr als ihren Partner. Wer vor allem an seiner Immobilie hängt und mit ihr in einer engen Beziehung lebt, weiß, wo er hingehört und ist vor allem treu, nämlich ortstreu. Für den Lebenspartner hat dies den Vorteil, dass er immer weiß, wo sein Gefährte zu finden ist, nämlich bei seiner geliebten Immobilie.

Neu ist dieses Beziehungsmodell nicht. Es sind unsere Störche, die seit Urzeiten nach diesem Muster leben, erfolgreich, wie wir sehen werden.

Wenn sich Ende August die Störche auf die Reise gen Süden begeben, verlassen sie allerdings notgedrungen ihre liebgewordene Residenz, ihre unbewegliche Habe, die ihnen fast ein halbes Jahr ein sicheres Zuhause bot. Das Nest auf dem Dach, ihr Horst, ist dann verwaist. Der Zugtrieb ist stärker als der Hang an die Heimstatt. Schließlich drohten dem Storch im Winter Hungersnöte, wenn er in der Heimat bliebe. Die Storchenfamilien lösen sich auf. Jeder fliegt mit seinem eigenen Ticket in den warmen Süden. Wenn überhaupt an Bord, beschränkt sich das Gepäck auf einige Ringe und gegebenenfalls, wenn es ein Storchenforscher so wollte, einen Minisender. Zum Abflug finden sich die Reisenden auf einer Startbahn zusammen, meist einer Wiese. Ein Dutzend oder mehr Störche treten die erste Etappe der Reise an. Es dauert nicht lange, dann wachsen die Trupps zu immer größeren Fluggemeinschaften heran. Manchmal teilen sie sich auch wieder auf, wenn die Flugziele divergieren. Ehepartner und Kinder verlieren sich in der Menge bald aus den Augen. Storchenpaare kleben nicht aneinander. So kommt es vor, dass „Er" Marokko vor Augen hat, „Sie" aber den Nil bevorzugt. Getrennte Wege sind längst kein Grund für ein Ehedrama, es ist ja Urlaub, und ein Storch wäre kein Storch, wenn er sich nicht frei fühlen würde.

Zu Beginn des neuen Jahres wird die Rückreise angetreten, ebenfalls in Gemeinschaften. Segeln, Landen, wieder Segeln, Tag für Tag. Da kann es schon mal vorkommen, dass sich zwei Störche sympathisch finden und sich näher kommen, ja, sehr nahe kommen. So können innige Reisebekanntschaften während einer Zwischenlandung sogar zu Kopulationen führen. Das Storchenweibchen wird geschwängert. Bekanntlich werden Vogelschwangerschaften nicht bis zur Lebendgeburt ausgetragen. Der keimende Nachwuchs wird innerhalb eines Tages von einer Kalkschale umhüllt. Dann muss das Ei den Körper der Vogelmutter verlassen, nicht zuletzt aus Gewichtsgründen zum Erhalt der Flugfähigkeit. Doch Eiablage ohne Nest – wie soll das gehen? Schon manches Mal wurde in der Not das Ei auf einer Wiese abgelegt und von einem Bauern gefunden.

Wenn es die Witterung zulässt, wird die Flugreise zügig fortgesetzt. Es geht Richtung Heimat. Jungstörche bummeln gerne, vor allem, wenn sie noch keine familiären Pflichten verspüren. Sie vagabundieren, um Land und Leute kennenzulernen. Die Altstörche dagegen legen Wert auf Tempo. Die Zeit drängt, der Frühling wartet nicht. Ende März kommen mit dem Südwind die ersten schwarzweißen Frühlingsboten herangesegelt. In aller Regel steuern sie jenen Ort an, wo sie in den letzten Jahren erfolgreich genistet und gebrütet hatten. Ihr alter Horst, ihre alteingesessene Immobilie ist es, was sie lockt. Die bewährte Heimstätte soll auch im neuen Jahr der Landeplatz der friedlichen Hausbesetzer werden. Die eigenen vier Wände haben den Vorteil, dass man sich nach halbjährlicher Abwesenheit rasch wieder wie zu Hause fühlt. Oft kommt der Storchenmann als erster an, kaum seltener aber ist die Störchin die Schnellere. In der alten Brutheimat kennt man sich bestens aus, man kennt die Menschen ebenso wie die besten Futtergründe, die nassen Wiesen und Auen.

Die Landung wird mit heftigem Klappern angezeigt. Der Klapperstorch meldet sich bei den Dorfbewohnern zurück und erklärt damit den Horst auf dem Dach für besetzt. Es folgt umgehend die Instandsetzung der Storchen-Immobilie. Wenn dann der Partner oder die Partnerin eintrifft, sollte alles gut bestellt sein. Hölzchen und Stöckchen werden herbeigetragen und angebracht, Grasbatzen und Erdklumpen dienen als Kitt. Die Reparaturen können sich hinziehen, ein brauchbarer Zeitvertreib, denn es fehlt noch jemand. Das Warten beginnt.

Einer bummelt immer. Oder es gilt, einen polaren Kälteeinbruch abzuwarten. Nur selten kommen beide Partner gleichzeitig in der alten Heimat an. Manchmal kommt ein fremder Storch und begehrt Einlass, ein Suchender. Doch der ansässige Storch weiß, was sich gehört und vertreibt den Neuankömmling. Er verbeißt und vertreibt ihn mit unfreundlicher Geste. Erst wenn der Partner vom Vorjahr herbeigesegelt kommt, stehen alle Tore offen. Doch manchmal, wenn es zu lange dauert, reißt der Geduldsfaden und ein junges, suchendes Weibchen wird nach einigen Tagen Bedenkzeit vom Hausherren akzeptiert und nimmt den Platz der fehlenden Partnerin ein. Man arrangiert sich. Das gleichzeitige Begrüßungsklappern signalisiert Einigkeit. Je weiter der Frühling vorangeschritten ist, desto kürzer fällt die Kennenlernphase aus, und die Paarbildung ist perfekt. Die neue Storchendame lässt sich durch den freudigen Hausherren dankbar begatten. Schon in den Folgetagen werden die Eier, die Früchte der Storchenliebe, ins Nest gelegt. Alles scheint gut, das Storchenpärchen zufrieden und glücklich. Doch dann passiert es: Die Partnerin des Vorjahres segelt heran. Schon am Flugbild wird sie wiedererkannt. Der Dreierkonflikt ist nicht mehr zu vermeiden. Der frisch liierte Alteingesessene sieht seine Ehemalige und ist hin- und hergerissen. Erst verteidigt er seine Neue. Doch wenn die Ehemalige sich als stark erweist und entschieden auf ihre alten Rechte pocht, ändert der Alte seine Gesinnung. Die Neue wird vertrieben. Ja, sie wird sogar enteignet. Das Nest wird von fremden Federn und Eiern gereinigt. Das geht nicht immer reibungslos vonstatten, denn selbst wenn die Neustörchin von der Altstörchin vertrieben wurde, hängt der Altstorch noch an den Eiern, in denen ja auch seine Erbfaktoren stecken. Manchmal werden diese Eier aus der vorangegangenen Beziehung generös akzeptiert und weiter bebrütet. Meist aber werden sie über Bord geworfen. Die alte Liebe hatte zwar etwas Patina angesetzt, aber sie wird wieder aufgemöbelt. Das geht meist recht flott, denn das Paar ist geübt und eingespielt. Das synchrone Klappern hilft über alles Gewesene hinweg. Innerhalb von wenigen Minuten nach der Landung findet die Begattung statt. Der Storch nimmt auf der Störchin Platz. So feiern sie das Wiedersehen auf ihre Art.

Nicht immer ist die Liebe zwischen beiden Partnern von gleicher Intensität. Bei einem starken Sympathiegefälle engagiert sich der weniger geliebte Partner durch hingebungsvolles, zärtliches Kopf-kraulen, um die Beziehung aufrecht zu erhalten. Das gelingt bei vielen Storchenpaaren meist für drei bis fünf Jahre. Doch dann ist die Zeit reif für einen Partnertausch, oft auch verbunden mit einem Horstwechsel.

Wohl bei keiner anderen wildlebenden Vogelart lässt sich der Liebesakt so gut verfolgen wie bei den Störchen. Sie vereinigen sich, wie auf der Bühne vor den Augen der Öffentlichkeit, und sie schämen sich nicht einmal. Warum auch? Wurden sie aus dem Paradies vertrieben oder die Menschen? So gesehen führen Störche ein offensichtliches Sexualleben. Und das Aufregende: Sie paaren sich mehrmals in der Stunde, vor allem am Tage der Ankunft des Partners. Kein Wunder, dass die Störche von unseren Vorfahren zum Symbol der Fruchtbarkeit erklärt wurden. Dass Störche die Kinder brächten, war für aufklärungsunwillige Eltern lange Zeit eine bequeme wie naheliegende Ausrede. Sprachlich steht der uralte Name „Storch" mit „Fruchtbarkeit" in enger Verbindung: Er leitet sich vom Begriff „Stock" ab. Und das Wort „Stock" stand im Mittelalter für „männliches Glied".

Turtelnde Täubchen

„Mein Täubchen" – wie zärtlich das klingt! Und so ist es wohl auch gemeint, wenn diese Worte ausgesprochen werden. Gern verwenden wir Bilder aus der Natur, um etwas auszudrücken, wofür uns sonst die Worte fehlen würden. Doch was wissen wir vom Leben und Lieben der Tauben? Jahrtausendelang lebten Menschen und Tauben nah beieinander, zuweilen sogar unter einem Dach. Inzwischen sind sie den meisten Menschen fremd oder gar unsympathisch geworden. Wir haben uns von ihnen entfernt.

Tauben gelten seit jeher als Symbole eines friedlichen Miteinanders, nicht erst seit Picassos Friedenstaube. Im Alten Testament trägt die

Taube den Zweig des Olivenbaumes im Schnabel und verkündet damit das Ende der Sintflut. Sie ist damit eine Hoffnungsträgerin. Aggressives Verhalten kommt im Alltag der Tauben kaum vor. Tauben turteln lieber miteinander – ein schönes Bild, ein Vorbild... Es ist ein großes Glück, draußen in lichten Wäldern und Parks den schönen Turteltauben zu begegnen. In atemberaubendem Tempo und mit ruckartigen Flügelschlägen kommen diese kleinen Tauben im Frühling bei uns an. Den Winter verbringen sie in den Savannen südlich der Sahara. Die Turteltaube ist die einzige unserer Taubenarten, die als Zugvogel auf Wanderschaft geht. Gleich nach ihrer Ankunft verrät sie sich mit ihrem angenehm gurrenden „turrr turrr turrr". Diese zierliche Taube mit dem auffallenden schwarzweißen Halsschmuck, einer Halskette ähnlich, der weinroten Brust, dem hellen Bauch und den rostbraunen, schwarz gefleckten Flügeln ist es denn auch, die uns im Frühling und Sommer mit ihrem hingebungsvollen, legendären Schnurren erfreuen kann. Steigert sich die Erregung, gibt die Turteltaube einen Laut von sich, der an den Knall eines Sektkorkens erinnert.

Neben der scheuen und recht seltenen Turteltaube gibt es eine ganze Reihe anderer Taubenarten, oft sogar in unserer unmittelbaren Umgebung. Das Schöne daran ist, dass diese Tauben uns an ihrem Liebesleben teilhaben lassen. Wir dürfen bei ihren Paarungsritualen zuschauen. Ihre vielfältigen Liebesspiele können in der Luft, auf Bäumen und Gebäuden oder auf dem Boden stattfinden. Die Hochzeitsflüge, ein girlandenförmiges Auf und Ab, gleichen Schauflügen. Auf dem höchsten Punkt der Flugbahn lassen die Flugakteure ein sogenanntes Flügelklatschen ertönen, um eine gesteigerte Aufmerksamkeit zu erheischen. Auf dem Boden trippeln und hüpfen aufgeblähte Männchen mit gespreiztem Schwanz aufgeregt gurrend um die begehrten Weibchen herum. Immer wieder verbeugen sich die Partner höflich voreinander. Haben sich Taube und Täuber für einander passend befunden und für ein Leben zu zweit entschieden, ordnen sie eifrig ihr Gefieder und putzen sich vor den Augen des Gegenübers heraus. Der eigenen Schönheitspflege folgt im Zuge der Annäherung das gegenseitige Gefiederkraulen. Kopf- und Halskraulen scheinen besonders beliebt zu sein. Diese Körperstellen sind für Liebesbeweise besonders empfänglich. Nach der Kraulphase folgt die Schnäbelphase. Dabei steckt ein Vogel seinen Schnabel in den Schnabel des Partners. Diese Handlung wurde aus den frühen Zeiten des Aufwachsens, aus Kindheitszeiten übernommen. Jungtauben im Nest stecken nämlich ihren Schnabel in den Schnabel der Alttauben und saugen so ihren Nahrungsbrei an. Später, im liebesfähigen Alter, dient dieses Verhaltensmuster einem symbolischen Anfüttern des begehrten Partners. Nach diesem Schnabelkuss folgt der Akt an sich: Der Täuber nimmt auf dem sich bereitwillig abduckenden Täubchen Platz und befruchtet sie mit seinen Samenzellen.

Die häufigsten Tauben in den Städten, Haustauben oder auch Stadttauben genannt, leben ebenso wie ihre wilden Vorfahren, die Felsentauben, ausgesprochen gesellig. Vieles wird gemeinsam im Schwarm erledigt, vom Fressen über das Baden und Sonnen bis hin zum Ruhen und Schlafen. Dennoch, bei allem Kollektivgeist, die Ehe gilt für diese Tauben als eine Sache zu zweit und das auf Dauer. Daran ändert sich auch nichts, wenn das Taubenweibchen gelegentlich mit einem anderen Täuber anbändelt. Taubeneheleute brauchen einander zwingend, es handelt sich gewissermaßen auch um eine Zweckehe. Sie können aus rein praktischen Gründen nicht aufeinander verzichten. Warum wohl?

Das Taubenweibchen legt in der Höhle eines Gebäudes oder eines Felsens zwei weiße Eier in ein schlichtes Nest aus Grashalmen und Ästchen. Gebrütet wird gemeinsam. Die Rollen sind klar verteilt. Der Täuber bevorzugt die Frühschicht, ab Nachmittag und die ganze Nacht hindurch tritt das Weibchen den Brutdienst an. Auch für die Fütterung der Jungtauben sind beide Partner zuständig. Taube wie Täuber produzieren die Fertignahrung für die zweieiigen Zwillinge, eine Art Milchbrei. Eine derartige Fabrikation ist einmalig in der Vogelwelt. Es handelt sich dabei um eine quarkähnliche Masse, die im Kropf entsteht und die daher auch Kropfmilch genannt wird. Die Arbeitsteilung ist ausgewogen, gemeckert oder gestritten wird nicht. So führt das Männchen ohne Murren aber mit Gurren die Versorgung der heranwachsenden Jungtauben fort, während das Weibchen schon mal auf dem nächsten Gelege Platz genommen hat. Man spricht von Schachtelbruten, wenn sich aufeinander folgende Bruten eines Paares zeitlich überlappen. Mit dieser Methode können bis zu sechs Bruten im Jahr absolviert werden. Bei diesem straffen Zeitplan muss die Beziehung zwischen den Partnern einfach stimmen. Förderlich wirkt der Umstand, dass bei diesem gut gefüllten Programm keine Langeweile aufkommt und dumme Gedanken außen vor bleiben. Das Nistrevier wird vom Taubenpaar meist lebenslang beibehalten und muss gegen andere Interessenten verteidigt werden. Das alles hat sich fest eingespielt. Auch in dieser Hinsicht ist eine dauerhafte Ehe das praktischste aller Beziehungsmodelle.

Nicht alle Taubenarten halten es so wie die Haustauben. Bei den ebenfalls in den Städten vorkommenden Ringeltauben und Türkentauben hat sich die Dauerehe nicht durchgesetzt. Sie bevorzugen eine saisonale Beziehung und wollen auf gelegentliche Neuwahlen nicht verzichten. Auch brüten sie nicht in Höhlen, sondern bauen ihre Nester in den Kronen hoher Bäume. Sie sind so spartanisch gebaut, dass die weißen Eier hindurchschimmern.

Die Beziehungen zwischen Mensch und Taube sind sehr alt. Unsere Vorfahren hielten Tauben als Haustiere in Taubenschlägen, um sie später gebraten zu verspeisen. Freifliegend konnten sie ihr Futter selbst sammeln – wie praktisch für den Taubenhalter. Seit zweitausend Jahren werden Tauben zur Übermittlung von Nachrichten eingesetzt. Brieftauben können mit einer Geschwindigkeit von über 150 Kilometern pro Stunde bis zu tausend Kilometer am Tag zurücklegen. Ihre Ausdauer ist legendär. Marathonläufer wirken dagegen wie Schnecken. Um sich in der Fremde zurechtzufinden, besitzen Tauben einen besonderen Magnetsinn und können sich am Magnetfeld der Erde orientieren. Mit dieser raffinierten Technik ist es egal, ob die Sicht während des Fluges gut oder miserabel ist. Tauben wissen einfach, wo es lang geht. Was aber zieht die Tauben immer wieder zurück in ihre Heimat, was treibt sie zu diesen ungewöhnlichen Flugleistungen an? Es ist die innige Bindung an den Partner! Die Tauben lassen es erahnen: Die Sehnsucht ist wohl die stärkste aller Triebkräfte.

Die ausschweifende Verlobung der Enten

„Drum prüfe, wer sich ewig bindet" – dieser Spruch wurde vieltausendmal von unseren Großmüttern liebevoll auf Handtücher gestickt. Der Ratschlag galt vor allem jungen Mädchen, – nicht den Burschen – wenn diese begannen, sich nach Liebes- oder Lebenspartnern umzusehen. Das alltägliche Warnschild sollte mahnen: Nur nicht zu früh heiraten und schon gar nicht den Falschen! Eine Entscheidung füreinander, das Ja-Wort, galt als heilig und verbindlich. Eine spätere Scheidung war kaum denkbar, sie verstieß gegen die strenge, öffentliche Moral und war mit Scham besetzt. Scheidung war für Betroffene ein Skandal und man hatte sich dafür zu schämen.

Nicht alles, was althergebracht ist, muss falsch sein. Die Prüfung eines potentiellen Partners ist in jedem Falle sinnvoll und hat auch in der Natur ihre Berechtigung. Ein genaueres Kennenlernen, das Wissen um die Marotten eines Partners, kann vor Niederlagen und Enttäuschungen schützen.

Genau aus diesen Gründen, um sich vor dem alles entscheidenden Ja-Wort hinreichend gut zu kennen und sich sicher zu fühlen, hat der Mensch die Verlobungszeit eingeführt. Doch neu ist diese Erfindung nicht, denn schon lange bevor Menschen die Verlobung als Prüfungszeit für sich entdeckten, praktizierten bereits einige Vogelarten dieses Test-Verhältnis. Hauptsächlich sind es Enten, Gänse und Dohlen, aber auch manche Singvögel, die sich erst einmal als Verlobungspartner begegnen.

So läuft es im zeitigen Frühjahr beispielsweise bei Goldammern ab, die in abwechslungsreichen Ackerlandschaften zu Hause sind. Die Männchen mit den goldgelben Köpfchen singen das immer gleiche Lied: „Wie-wie-wie-hab-ich-dich-lieeeeb". Sie flirten mal mit diesem, mal mit jenem Weibchen, und die Weibchen fliegen mal in dieses und mal in jenes Männchenrevier zum gemeinsamen Probewohnen ohne Trauschein. Man beschnuppert sich und findet sich sympathisch oder eben nicht. Das ist 'Verlobung-light' mit der Möglichkeit einer schnellen Entlobung.

Eine Art Jugendverlobung ist bei den Bartmeisen beobachtet worden. Diese kleinen flinken Vögel leben das ganze Jahr über gesellig, aber dennoch ziemlich unauffällig im Schilfdickicht – das Männchen mit schwarzem Bartstreifen, das Weibchen ohne. Nach dem Ende der Nistzeit schließen sich alte wie junge Meisen zu Scharen zusammen. Bei den noch unverpaarten Vögeln kommt es sofort zur Bildung von Pärchen. So verloben sich junge Bartmeisen schon im Sommer ihres Geburtsjahres im zarten Alter von zwei bis drei Monaten und damit wenige Wochen nach ihrem Ausfliegen, quasi vor ihrer Mündigkeit. Die frühe Paarbildung findet nicht im Hochzeitskleid, sondern noch im unscheinbaren Jugendkleid statt, also ohne den markanten Bartstreifen des erwachsenen Vogelmännchens, dafür vielleicht mit etwas jugendlichem Leichtsinn. Dass die Garderobe keineswegs immer entscheidend für den nachhaltigen Erfolg ist, beweisen die Bartmeisen recht eindrucksvoll. Im folgenden Frühjahr beginnt nämlich die ernsthafte Bewährungsprobe der Frühverlobten mit dem Zeugen und Großziehen des ersten Nachwuchses. Das scheint meist ohne Beanstandungen gut zu klappen. Obwohl ganz unpompös vereint, bleiben die Bartmeisenpaare nach ihrer Jugendverlobung oft mehrere Jahre lang zusammen.

Völlig aus der Rolle fallen die Enten mit ihren spektakulären Verlobungsinszenierungen. Das Ritual nimmt die Herbst- und Wintermonate vollständig in Anspruch. Die Stockentenmänner, kurz Erpel genannt, legen im Herbst ihren prachtvollen Federschmuck mit dem grün schimmernden Kopfgefieder, der kastanienbraunen Brust und dem weißen Halsring an, um den Entendamen zu gefallen. Auch die witzigen Doppellöckchen oberhalb des Schwanzansatzes – es handelt sich um aufwärts gebogene Steuerfedern – dienen zur Steigerung der weiblichen Aufmerksamkeit. Doch diese Modenschau allein genügt nicht, um im Wettbewerb zu bestehen. Action muss her! Dazu veranstalten die Entenvögel eine Schwimmshow auf dem Wasser. Bei diesem Gesellschaftsspiel, eine Art Gruppenbalz, schütteln die Erpel erregt ihren Körper und machen seltsame Bewegungen und Verrenkungen, ganz so wie manche ungelenken Jünglinge auf dem Tanzboden. Auch das „Antrinken" gehört in der Anfangsphase zum Verhaltensrepertoire dazu, ob zum Mut machen oder nicht, sei dahingestellt. In diese Szene hinein tönt ganz unvermittelt der Balzruf eines Männchens: Ein kurzer durchdringender Pfiff, der aus dem Hals eines straff hochgereckten Erpels entspringt. (Kommt uns irgendwie bekannt vor, oder?) Zwischendurch ertönen heiser und nasal klingende räb-räb-Rufe. Immer wieder präsentiert das Männchen seine blauviolett schimmernden Abzeichen auf den Flügeln, indem es diese mit dem Schnabel antippt, so als wollte der Erpel auf seine schönsten Seiten aufmerksam machen. Das alles wirkt wie ein putziges Schau-Putzen ohne Putzeffekt. Die Weibchen nehmen diese Spielchen meist aus gewisser Distanz mehr oder weniger zur Kenntnis. Gelegentlich ertönt ein Echo, ein wäk-wäk-wäk-wäk-wäk. Das kann vieles bedeuten: Ist das langweilig! Oder: Mach nur weiter so! Über die wahre Bedeutung dieses Aufrufes herrscht weitgehend Unkenntnis. Wenn dann aber Männchen und Weibchen aufeinanderzuschwimmen, sind das erste Anzeichen von gegenseitigem Interesse. Mal lädt das Weibchen ein, mal das Männchen. Das Wahlrecht liegt zunächst auf beiden Seiten. Sehr behutsam kommen sich beide Partner näher. Einträchtig schwimmen sie nebeneinander oder hintereinander her. Die Ente ist meist vorn, der Erpel hinten, auf dem Wasser und auch im Fluge. Im Laufe der Verlobungszeit werden ihre Aktivitäten immer genauer aufeinander abgestimmt, wie bei einem eingespielten Menschenpaar. Was tut man nicht alles gemeinsam: man frühstückt zur gleichen Zeit, man putzt sich gleichzeitig, man schläft gleichzeitig. Es ist die hohe Zeit der Synchronisation, des Zusammenwachsens und des miteinander Warmwerdens. Doch es passiert noch nichts wirklich Ernsthaftes zwischen den Kandidaten. Hierfür gibt es einen guten Grund, denn wenn es im Herbst zur Befruchtung zwischen Erpel und Ente käme, könnten die Eier im Schnee versinken. Kühlhauseier statt niedlicher Küken. Es gibt also nur Trockenübungen. Unter diesen Praktiken finden sich auch trockene Kopulationsübungen, die nur Sekunden dauern. Mit diesen trainingshaften Probebegattungen sollten sich die Bindungen zwischen den Verlobten weiter festigen. So gehen die Monate dahin.

Im Frühjahr ist es schließlich an der Zeit, dass die Enten aus ihrem Winterquartier in ihr Brutgebiet ziehen. Der Erpel folgt dabei seiner umschwärmten Ente und nicht umgekehrt. Der Bräutigam zieht somit zur Braut. Doch es kann auch jederzeit zur Auflösung einer Verlobung und zu Umpaarungen kommen, wenn es dazu einen Anlass gibt. Und Anlässe lassen sich finden, wenn sie gefunden werden wollen: Streit um Banalitäten oder – gar nicht so selten bei einer Gesellschaftsbalz – ein Dritter ist im Bunde. Die gesamte Verlobungsphase währt ein halbes Jahr. Kommt es in dieser Zeit zu unerwünschten Annäherungen oder gar Anträgen durch andere Erpel, fordert das Weibchen seinen Verlobten auf, den Fremderpel zu vertreiben. Dabei wird das Männchen unmissverständlich durch Kopfbewegungen seines Weibchens seitwärts über die Schulter auf das fremde Männchen gehetzt. Diese Aufforderung wird auch tatsächlich als Hetzen bezeichnet. Das Weibchen hetzt in aller Lautstärke und Deutlichkeit ihren angehenden Gatten auf, unverzüglich tätig zu werden und den lästigen Nebenbuhler zu verjagen. Damit soll wohl das Gefühl der Zusammengehörigkeit bekräftigt werden. Im März wird es dann wirklich ernst und geht zur Sache, zumindest wenn es sich die Ente nicht doch noch anders überlegt hat und zum Konkurrenten überwechselt. Die Begattungen unter Enten sind ein Akt für sich. Diese können ganz friedlich und einvernehmlich ablaufen. Dazu sondern sich Ente und Erpel von der Gruppe ab. Die Köpfe beider Partner bewegen sich ruckartig einige Male nach unten, eine Art Einwilligungserklärung. Wenn ihre Zeit gekommen ist, legt sich die paarungswillige Ente flach aufs Wasser und der Erpel lässt seinen Aufstieg folgen. Zur Krönung schwimmt der Erpel eine Ehrenrunde um das beglückte Weibchen. Schlussendlich waschen sich beide gründlich und zupfen ihr Gefieder wieder zurecht.

Doch das Liebespiel kann auch ganz anders ablaufen. Man muss wissen, männliche Enten haben einen Penis. Na und? Alle Männer haben doch… Irrtum: Vogelmänner haben keinen! Außer eben Entenmänner. Offenbar macht dieser Unterschied, dieser außergewöhnliche, einige Zentimeter lange Besitz die Erpel nicht selten zu Draufgängern. Während in der Vogelwelt in den entscheidenden, hochprivaten Angelegenheiten die Weibchen das Sagen haben oder beiden ein Mitspracherecht zukommt, ob und wann etwas Intimes passiert, stürmen im Frühjahr manche Erpel einfach drauflos. Sie treten die Ente im wahrsten Sinne des Wortes. Und das auch ohne weibliche Einwilligung. In solchen Fällen grenzt die Begattung an den Tatbestand einer Vergewaltigung. Als man im April erlegte Erpel sezierte, bemerkte man, dass die Hoden in dieser Zeit extrem groß ausgebildet waren. Dies deutet auf eine hohe Hormonproduktion hin. Dramatisch wird die Szenerie, wenn mehrere Männchen es gleichzeitig auf ein und dasselbe Weibchen abgesehen haben. Die Jagd auf das bedauernswerte Entenweibchen kann auf dem Wasser oder in der Luft stattfinden. Jäger nennen diese Form des Nachstellens ganz harmlos „Reihen". Scheinbar gnadenlos wird das Opfer verfolgt, oft bis zur Erschöpfung. Dann stürzen sich die Erpel zu Dritt oder gar zu Viert auf das Objekt ihrer Begierde und die Ente geht unweigerlich unter. Dass man früher in diesem zügellosen Verhalten eine „Verwilderung der Sitten" sah, selbst von „Perversion" und „Notzucht" sprach, ist zwar nicht korrekt, aber nachvollziehbar. Als geübter Wasservogel überlebt die Ente diesen Übergriff in den meisten Fällen, allerdings geschwängert von irgendeinem dieser Rüpel. Die wenig feinfühligen Erpel wollen immer nur das eine: Ihre Gene erfolgreich weitergeben. Derart erzwungene Begattungen sind bei Enten ausgesprochen häufig. Sie werden vor allem in der fruchtbaren Phase in den Wochen der Eiablage beobachtet. Somit haben die Entenküken aus ein und demselben Nest oft unterschiedliche Väter.

Nach solch unseligen Erfahrungen gibt es für entschiedene Entenweibchen nur einen Entschluss und der heißt Scheidung. Nach sechs Monaten Verlobung und nur einem Monat Ehezeit wird sich getrennt. Sobald das Nest mit Eiern gefüllt ist, bekommt der Erpelgatte symbolisch seine formlose Entlassungsurkunde ausgehändigt und die werdende Entenmutter übernimmt alles Weitere. Ist das letzte Ei gelegt, beginnt in aller Stille die Brutzeit. Alle Entenkinder haben am gleichen Tag Geburtstag. Schon wenige Stunden nach dem Schlupf, wenn der Flaum trocken ist, sind die Entlein abmarschbereit Richtung Wasser. Gar nicht selten kommt es vor, dass die Entenmutter ihr Nest auf einem Baum oder gar in einem Balkonkasten anlegt. Dann muss nach dem Schlupf gesprungen werden, wie Fallschirmspringer aus einem Flugzeug, nur eben ohne Fallschirm, auch wenn unten ein Fußweg aus Beton lauert. Die noch weichen Knochen der kleinen Enten überstehen den harten Aufprall unbeschadet. Bei der nächsten Straßenüberquerung ist das Überleben aber nicht mehr so sicher.

Bei einem derart eingespielten Ablauf sind die Entenmänner in der Tat überflüssig, sie werden nicht mehr gebraucht. Das Sorgerecht für den Nachwuchs erhalten solche Rabauken keinesfalls. Während die Entenfrauen sich fürsorglich um den Nachwuchs kümmern und mit den Kleinen in die Unsichtbarkeit abtauchen, um nicht entdeckt zu werden, schwimmen die entlassenen Väter wie gelangweilt ziellos auf dem Wasser herum. Ab Himmelfahrt sieht man dann oft nur noch Entenmänner auf dem Ententeich schaukeln, die nicht so recht zu wissen scheinen, wo sie hingehören und wozu sie eigentlich erschaffen wurden. Wenn schon für nichts zu gebrauchen, so wechseln sie in dieser Zeit ihr Gefieder, sie mausern und zwar vollkommen. Die verblichene Hochzeitskluft wird abgeworfen, um Platz für ein nachwachsendes Sommerkleid zu schaffen.

Bei einem derartigen Ablauf der Geschehnisse sollte die Frage erlaubt sein, weshalb dieses ganze Halbjahrestheater um Verlobung und Prüfung des Partners, wenn der heilige, oder besser eilige Stand der Ehe sehr viel rascher in die Brüche geht als er geschmiedet wurde? Nun, was sollen Enten sonst im langen Winterhalbjahr treiben? Warum nicht die Partnerwahl als Gesellschaftsspiel und netten Zeitvertreib ansehen? Aber der wahre Hintergrund ist ernsterer Natur. Die Entenweibchen suchen nach dem kräftigsten und gesündesten Männchen, um ihren Nachwuchs mit guten Genen auszustatten. Das ist es, was sie antreibt. Mit der Samenübertagung ist aber das Nötigste vollbracht, mehr erwarten die Entenweibchen gar nicht. Den Rest erledigen sie im Alleingang, und zwar ganz bravourös.

Die Unehe des Kuckucks

Sich kennenlernen, heiraten, in eine gemeinsame Wohnung ziehen oder in ein Häuschen im Grünen und bis ins hohe Alter glücklich zusammenbleiben – das klappt nur noch selten und ist auch nicht jedermanns Traum. Menschen, die über vierzig und aller Kindersorgen ledig sind, haben zunehmend andere Vorstellungen: Living apart together – so heißt ein alternatives Modell, das den nervigen Alltag aus den Beziehungen heraushält. Paare leben bewusst an unterschiedlichen Orten und teilen nur die schönen Stunden miteinander. Räumliche Nähe als Beziehungskiller? Unbekannt! Schon vor einhundert Jahren galt in Künstlerkreisen das getrennte Wohnen als romantisch und schick. Noch sehr viel früher hat eine Vogelart diese Lebensform für sich entdeckt und zum Extrem getrieben.

Wenn nach langem Schweigen im April sein Ruf weit durch die Lande erschallt, stimmt der Kuckuck uns auf den Frühling ein. Er gilt deshalb seit eh und je als Glücksbringer, als Bote der schönsten aller Jahreszeiten. Wir hören ihm gern zu, er scheint ein fröhlicher Geselle zu sein. Und wenn man beim ersten Kuckucksruf auf seine Geldbörse klopft, so soll das Geld im ganzen Jahr niemals ausgehen – vorausgesetzt, die Geldbörse ist nicht schon von vornherein gähnend leer.

Doch wer ist der Kuckuck wirklich? Wie sieht es in seinem Privatleben aus? Er ist ein zwielichtiger Geselle, eine schillernde Figur in der Vogelwelt. Der Kuckuck balzt und begattet, ohne jemals zum ordentlichen Gatten zu werden. Von einem anständigen Ehe- und Familienleben hält der Kuckuck rein gar nichts. Wozu auch? Der Kuckuck hat keinerlei Verpflichtungen für den Nachwuchs. Den schnöden Alltag müssen andere bewältigen. Nestbau, Brut und Fürsorge hat der Kuckuck auf raffinierte Art und Weise an kleine Singvögel delegiert, sie schuften für ihn. Da bietet sich dieses scheinbar phantastische Modell der Unehe geradezu an. Sie liegt dann vor, wenn die Partner nur kurzfristig zur Übertragung der Samenzellen zusammentreffen, um sich dann schnell wieder zu trennen. Das ist in der Natur vor allem bei Fliegen und Mücken der Fall, oder auch bei

Fröschen, bei Vögeln jedoch eher selten. Doch der Kuckuck pflegt diesen Lebensstil. Es ist so, wie es ist: Der Kuckuck meidet nicht nur die Ehe, er ist zudem ein waschechter Schmarotzer. Er ist baufaul, er ist brutfaul und er lebt auf dem Rücken anderer Vögel. Er ist der einzige Vogel in Mitteleuropa, der weder baut noch brütet. Und um seinen Nachwuchs kümmert er sich rein gar nicht, macht dafür keinen Flügel krumm! Wenn andere Vögel noch emsig Futter für den Jungkuckuck herbeischleppen, kann es bei den alten Kuckucken schon ab Mitte Juli mit flotten Flügelschlägen auf Urlaubsreise Richtung Süden gehen. Kurzum: Er ist ein stinkfauler Kerl! Doch es kommt noch schlimmer: Zum „Dank" für das aufopferungsvolle Großziehen des Kuckucksnachwuchses wird den Pflegeeltern auch noch der eigene Nachwuchs erbarmungslos aus dem Nest geworfen! Doch wer denkt schon an dieses Sündenregister, wenn der Kuckucksruf erschallt! Übrigens für Musikbegeisterte: Es handelt sich dabei um eine kleine Terz abwärts, manchmal auch um eine Quart. Dieser vollklingende Ruf ist es, den man als erstes vom Kuckuck wahrnimmt, bevor man ihn − wenn überhaupt − zu Gesicht bekommt. Gern zeigt er sich nicht in der Öffentlichkeit, er liebt die Diskretion. Ein typisches Verhalten zwielichtiger Gestalten.

Mit seinem Ruf steckt der Kuckucksmann seine Reviergrenzen gegenüber anderen Kuckucksmännern ab. Die Kuckucksweibchen haben ihre eigenen Reviergrenzen. Das deutet schon auf eine gewisse weibliche Eigenständigkeit hin. Getrenntes Wohnen ist beim Kuckuck en vogue. Bei diesen Revierkonstruktionen kann es ohne weiteres passieren, dass sich im Weibchenrevier mehrere Männchen ganz wie zuhause fühlen. Weibchen verteidigen ihr Revier nur gegen Weibchen, nicht gegen Männchen! Diese sind Frau Kuckuck offenbar willkommen. Spannend wird es, wenn ein Kuckucksmann die Verfolgungsjagd aufnimmt und ein Kuckucksweib erobern will. Der Verfolgungsruf des männlichen Kuckucks klingt wie ein heiseres „hach-hach-hach". „Ich kriege Dich", mag das wohl heißen. Das Kuckucksweibchen antwortet mit einem kichernden, hohen und sich beschleunigenden Trillern, was bedeuten könnte: „Versuch's doch mal". Das lässt sich ein echter Kuckucksmann nicht zweimal zurufen und jagt ihr mit schnellen Flügel-

schlägen hinterher. Bei großer Erregung kommt er dann schon mal ins Stottern, sein Kuckucks-Ruf überschlägt sich dann förmlich, und er gibt ein unregelmäßiges „kukukuk" von sich. Die Spielregeln und die Spielzeit legt das Weibchen fest. Hat sich der Kuckucksmann nicht zu blöd angestellt, ist die Werbung schließlich von Erfolg gekrönt. Dann wird auch mal im Duett gesungen. Die Begattung findet auf einem Ast statt. Eine Sekundensache. Das war dann schon die ganze Jahresarbeit, die Herr Kuckuck zu leisten hat. Gelegentliche Wiederholungen dieser Dienstleistung sind keineswegs ausgeschlossen. Frau Kuckuck muss zumindest noch Eier produzieren und sie loswerden. Aber da liegt genau das Problem. Diese Kuckuckseier will niemand geschenkt haben, zumindest kein Vogel, der sich gerade um seinen eigenen Nachwuchs bemüht. Bevor es ans Eierlegen geht, wird vom Kuckucksweibchen genauestens ausspioniert, wo ein geeigneter Wirtsvogel sein Nest angelegt hat und wo die beiden Nestinhaber sich gerade herumtreiben. Jedes Kuckucksweibchen legt seine Eier in das Nest jener Singvogelart, bei der es selbst aufgewachsen ist. Doch das ist eine streng geheime Angelegenheit. Niemand darf es merken, schon gar nicht die eigentlichen Nestinhaber. Damit es nicht auffällt, muss der Moment abgepasst werden, wo beide Singvogeleltern gerade mal unterwegs und nicht zu Hause sind. Manchmal tritt sogar der Kuckucksmann als Komplize auf und lenkt die zu prellenden Wirtsvögel ab. Zur weiteren Verschleierung der Tat entnimmt Frau Kuckuck ein Ei aus dem fremden Nest und verschluckt es kurzerhand. Nur keine Spuren hinterlassen! Das Kuckucksei selbst wird dann blitzschnell ins Nest verfrachtet, manchmal auch mit dem Schnabel. Dann verschwinden Täterin und Komplize auf schnellstem Wege und lassen sich nicht wieder blicken. Wurde das Kuckucksweibchen jedoch bei seinem dubiosen Geschäft erwischt oder wurde sonst ein Verdacht auf Unregelmäßigkeiten geschöpft, wird das ganze Gelege durch die rechtmäßigen Inhaber überbaut und eine Etage höher neu angelegt. Noch wahrscheinlicher ist es aber, dass sich die Nestbesitzer entscheiden, das Nest aufzugeben und anderswo ihr Glück zu versuchen. Ahnen sie jedoch nichts von dem Vorfall, übernehmen die kleinen Singvogeleltern die weitere Arbeit und machen sich ans Brüten.

Schon nach zwölf Tagen schlüpft aus dem Kuckucksei dann ein blindes, nacktes und scheinbar hilfloses Wesen. Noch an seinem Geburtstag beginnt der junge Kuckuck aber entschlossen alles aus dem Nest zu werfen, was nicht niet- und nagelfest ist: Eier wie auch Jungvögel lädt der Neugeborene auf seinen kleinen Rücken und wirft sie mit einem kräftigen Ruck über den Nestrand. Kuckuckskinder sind deshalb generell Einzelkinder, vom Verhalten her radikale Egoisten. Voller Hingabe hingegen, als wäre es ihr eigenes, leibliches Kind, füttern die kleinen Pflegeeltern den nimmersatten Jungkuckuck. Mit erstaunlichem Tempo wächst er heran und ist bald sehr viel größer als seine fütternden Versorger. Seine wahren Eltern bekommt er dagegen niemals zu Gesicht. Umso erstaunlicher, dass der junge Kuckuck die Eigenheiten seiner ihm fremd bleibenden leiblichen Erzeuger annimmt und nicht die der fütternden Eltern, die er jeden Tag als Vorbild vor Augen hat. Ist er schließlich groß genug und flugtüchtig, dann tut er das, was jeder Kuckuck tut: Er fliegt bis zum Äquator nach Afrika und darüber hinaus. Ganz allein, ohne Navigationsgerät. Das ringt uns schon wieder Bewunderung ab. Für die Kuckuckseltern scheint dieses Lebensmodell das beste aller Varianten zu sein. Sie beschränken sich auf die allernötigsten Aufgaben und überlassen den großen Rest anderen. Das Modell ist aber keineswegs beliebig übertragbar. Wenn dies alle Lebewesen so praktizieren und die Arbeit delegieren würden, wo bliebe dann der Wirt, der die Arbeit macht?
Der Kuckuck ist nicht nur wegen seines Brutparasitismus eine schillernde Figur. Auch seine Männchen-Weibchen-Beziehungen sind schwer durchschaubar. Vor allem deshalb, weil er ein extrem ungebundener Geselle ist. Während die allermeisten Vögel immer wieder zu ihrem Nest zurückkehren, lässt sich der Kuckuck nicht so leicht kontrollieren, wo er sich gerade aufhält und mit wem er ein Techtelmechtel pflegt. Wir wissen nur so viel: Das Kuckucksweibchen muss jedes Frühjahr an die zehn bis zwanzig Eier unterbringen, jedes in ein anderes Nest, aber immer bei der gleichen Singvogelart. Diese Eier sind aber keineswegs von ein und demselben Vater befruchtet worden. Das Kuckucksweibchen scheint auch offen zu sein für andere männliche Kuckuckswünsche, sei es von diesem oder von

jenem Nachbarn. Den Erst-Kuckucksmann scheint das wenig zu stören. Er sucht seinerseits zum Zeitvertreib diese und jene Kuckucksdame zum Schäferstündchen auf. Die Kuckuckskinder sind dann wohl mehr oder weniger Halbgeschwister, auf jeden Fall aber uneheliche Kinder. Aufgezogen werden sie von Stiefeltern, als wären es Waisen. Das Fazit dieses Durcheinanders: Am Ende zählen nicht irgendwelche Kuckuckswünsche, sondern der Erhalt der Art. Und dieses Ziel konnte bisher zuverlässig erreicht werden.

Ein ganz normaler Harem – Polygamie der Hühnervögel

In den traditionellen bäuerlichen Kulturen Mitteleuropas sorgten Mann und Frau gemeinsam für den oft bescheidenen Lebensunterhalt der Familie. Feste, monogame Paarbeziehungen wuchsen daraus hervor, Mann und Frau ergänzten sich in vorteilhafter Weise, ein schaffendes und zumeist friedliches Miteinander gedieh. Im Orient dagegen lebten reiche Hirtenvölker. Diese waren kriegerisch veranlagt, die Sieger bereicherten sich an den Verlierern. In den von Männern geführten Kriegen blieben viele von ihnen auf der Strecke. Folglich waren Frauen in der Überzahl. Wenige reiche Männer und viele Frauen waren der kulturelle Nährboden für die Vielehe, für das Aufblühen der Harem-Modelle. Das Wort Harem kommt aus dem Arabischen und heißt soviel wie „verboten" und „tabu" und das hat seinen guten Grund.

Schon von Salomon, dem letzten König Israels, berichtet die Bibel, er habe über siebenhundert Ehe- und dreihundert Nebenfrauen gehabt. Später begrenzte Mohammed die Zahl der Ehefrauen auf höchstens vier pro Mann, gestand sich selbst jedoch einen etwas größeren Harem von zehn Ehefrauen und zwei Konkubinen zu. Von dieser „Bescheidenheit" hielten die osmanischen Sultane aber rein gar nichts. Deren Privatgemächer im Serail am Bosporus in

Konstantinopel waren zeitweise mit bis zu zweitausend Haremsdamen gefüllt, strengstens bewacht von eigens dazu abgestellten
Eunuchen, die garantierten, dass nur ein einziger fortpflanzungsfä-
higer Mann diese Frauen beehrte, der Herrscher des osmanischen
Reiches, der Sultan. Das ist Geschichte. In vielen muslimischen
Ländern gilt allerdings noch bis heute die Regel, dass ein Mann
sich bis zu vier Frauen leisten kann. Die Betonung liegt auf „leisten". Entscheidend ist die Höhe seines Vermögens. Der unvermö-
gende Mann bleibt dagegen unbeweibt.

Als Europäer kennen wir den Harem vorwiegend aus dem Mär-
chen, aus „Tausend und einer Nacht". Vielleicht noch aus der Ent-
führungsoper von Mozart, jedenfalls aus dem Reich der Dichtung.
Mit dem wahren Leben hier und heute hat der Harem nichts ge-
mein, denken wir. Irrtum! Der Harem ist Alltag, Alltag auf dem
Hühnerhof und keineswegs nur dort. Wir finden ihn genauso in der
freien Natur als ein ganz normales und bewährtes Lebensmodell.
Schauen wir es uns an…

Ganz vorn stehen die Hühnervögel. Monogame Beziehungen sind
Hühnervögeln fremd. Der Hahn besteht auf Vielweiberei, so, als
hätte er ein Abo darauf. Er liebt in erster Linie die Hühnerschar,
weniger das Einzelhuhn. Während die Haremshühner eher dezent
befiedert sind, glänzt der Hahn und Herrscher mit Schmuckfedern
und einem prächtigen Schweif. Dazu kommen als Blickfang ein
auffallend großer, roter Kamm und rote Hautlappen am Kopf. Doch
bei aller Schönheit – ohne Stärke ist kein Harem zu gewinnen.

Fünf bis zehn Weibchen kann ein Hahn um sich scharen, Weibchen, die er führt und auch verführt. Doch bevor es soweit ist, ent-
spinnt sich ein Kampf zwischen den Hähnen, bei dem wortwört-
lich die Federn fliegen. Bei den legendären Hahnenkämpfen geht
es hart auf hart. Zum Waffenarsenal gehören neben dem kräftigen
Schnabel vor allem die spitzen Sporen an den Füßen über den Hin-
terzehen. Damit kann der Hahn drohen und notfalls auch zuschla-
gen, um klarzustellen, wer der Hahn im Hause ist. Es wird solange
gekämpft und aufeinander eingehackt, bis die Rangordnung geklärt
ist. Doch Rangordnungen sind nicht von Dauer, sie werden immer
wieder in Frage gestellt, zum Beispiel von Nachwuchshähnen. Sie

wollen nicht auf ewig die Pechvögel sein und auf das Begattungsglück verzichten. Die Hackordnung – wer oben und wer unten? – wird aber nicht nur unter Hähnen ausgefochten. Auch in der Hühnerschar wird eine Hierarchie festgelegt. Das schwächste Huhn hat am meisten zu leiden. Es kommt als letztes an das Futter heran, es wird am meisten geärgert und vom Hahn am wenigsten begehrt. Neben unseren Haushühnern sind es die wildlebenden Waldhühner, die dem Haremsmodell huldigen. In freier Natur bieten die selten gewordenen Birkhähne im März eines der eindrucksvollsten Schauspiele der Natur, eine Art Gesellschaftsbalz. Schon vor Anbruch der Morgendämmerung bei noch winterlichen Temperaturen fallen die Kampfhähne scheinbar wie verabredet auf dem Balzplatz ein, passend auch Arena genannt. Die Vorführungen erinnern an Schautänze mit seltsam anmutenden Bewegungen. Man verbeugt sich voreinander, hüpft wie toll umher, macht Luftsprünge und lässt sein Hahnengeschrei ertönen, mit gluckernden und zischenden Lauten. Dieses Warmlaufen bleibt nicht ungehört und ungesehen. Nach und nach stellen sich weitere Hähne ein, die nur darauf gewartet haben, dass das Spiel angepfiffen wird. Dann wird es ernst. Wie aus heiterem Himmel stürzen zwei kräftige Hähne aufeinander, ausgerüstet mit harten Schnäbeln und scharfen Krallen. Es wird heftig, aber immer nach sportlichen Regeln aufeinander eingehackt, bis einer der beiden Kampfhähne aufgibt und das Feld verlässt. Die weniger kämpferisch veranlagten Exemplare beteiligen sich nicht direkt an dem Wettbewerb. Sie exerzieren am Rande der Veranstaltung stundenlange Pantomimenspiele, rennen hin und her und fauchen sich an. Sie wollen ebenfalls gehört und gesehen werden, selbst wenn die Erfolgsaussichten eher düster sind. Das ganze Theater lockt natürlich die Weibchen an. Sie gehen zu Fuß zur Arena und lassen sich auf den Logenplätzen nieder, um das dramatische Geschehen in mehreren Akten aufmerksam zu verfolgen. Die Birkhennen gackern leise, als würden sie miteinander tuscheln und sich über die Frage nach dem schönsten und stärksten Hahn verständigen. Die älteren Hähne haben die besten Chancen auf erfolgreiche Kopulationen. Schon kurze Zeit nach Ankunft der Weibchen können, wenn die Rangordnung klar ist, dem Siegerhahn mit dem prächtigsten Gefieder die meisten Hennen zulaufen. Sie sind es wiederum, welche die Begattung kurzerhand initiieren. Sie ducken sich vor dem Siegerhahn und bieten sich feil.

Beim Ritual der Vereinigung hüpft das Männchen auf das sich abduckende Weibchen, es dreht seinen Schwanz nach links, das Männchen den seinen nach rechts oder umgekehrt und die so freiliegenden Geschlechtsöffnungen werden aufeinander gepresst. Dabei packt der Hahn entschlossen mit seinem derben Schnabel die Henne am Kopfgefieder. Dadurch wird eine Art Sicherheitsleine angedockt. Mit Hilfe der Flügel wird das labile Gleichgewicht austariert, um nicht abzustürzen. Nach einer Sekunde Hochgefühl lässt sich der Hahn vom Rücken der Henne fallen und dreht eine Ehrenrunde um die nun begattete Haremsgattin – Schlussakkord. Auf jedem Hühnerhof ist dieser für Vögel typische Paarungsakt in flagranti zu beobachten: Das Treten. Der Hahn tritt die Henne. Das klingt nicht gerade liebevoll und sieht in unseren Augen auch nicht besonders zärtlich aus. Kaum ist der Akt beendet, peilt der Hahn die nächste Henne an. Bei den Birkhühnern wird das Weibchen manchmal noch vom Hahn in ihr Brutrevier begleitet, ehe er schleunigst zum Balzplatz zurückkehrt und sich die nächste Henne vornimmt. So ist es zu erklären, dass ein guter Hahn nur selten fett wird, wie der Volksmund seit langem zu berichten weiß.

Die Vorführungen auf dem Hühnerhof haben unsere Vorfahren seit jeher beeindruckt. Der anschauliche Vorgang der Begattung unter Haushühnern wurde im Mittelhochdeutschen mit dem Begriff „vogelin" umschrieben. Erst viel später wurde das Wort als „vögeln" auch auf den menschlichen Bereich übertragen. Goethe, der kein Blatt vor den Mund nahm, hat in seiner Satire „Hanswursts Hochzeit" wie selbstverständlich mit diesem Begriff gearbeitet – und wurde vom Volk verstanden. Warum wohl will Hanswurst die Ehe mit Ursel schließen? Er mochte nichts anderes als möglichst viel legitimen Sex haben. So dichtet Goethe Hanswurst die Worte in den Mund: „…und hinten drein komm ich bey nacht und vögle sie, das alles kracht."

Zurück zu den Hühnern. Nur dem Sieger über alle Nebenbuhler, dem kampfstärksten Männchen, stehen die Führung und damit der Besitz der Haremsdamen zu. Nur diesem einen Männchen winkt dann der Minne Lohn, ihm ordnet sich das weibliche Volk willig unter. Die unterlegenen Vogelmänner gehen meist leer aus. Junge Hähne sind zwar schon im ersten Lebensjahr geschlechtsreif, sie könnten sich also paaren, aber sie werden nicht vorgelassen. Der Haupthahn lässt es nicht zu. Sie müssen bis zum zweiten oder dritten Lebensjahr warten und können dann erneut in den Wettstreit treten. Dem Sieger der Gruppenbalz laufen die Weibchen zwar zu. Doch partnerschaftliches Verhalten oder gar Familiensinn sind dem Siegerhahn fremd. Der enge Zusammenhalt reicht oft nur für den Begattungsakt. Die Brut übernimmt allein das Weibchen. Da die Hühnervögel zu den Nestflüchtern gehören und deren Küken schon gleich nach ihrem Schlüpfen aus der Eischale ziemlich selbständig sind, gibt es nicht übermäßig viel Arbeit, die eine Henne, die dann Glucke heißt, nicht leisten könnte. Es kommt schon vor, dass ab und zu der Hahn seinen Untertanen einen Leckerbissen mit lautstarker Untermalung vor die Schnäbel wirft. Ansonsten übernimmt der Hahn im Korbe die Wächterfunktion in seinem Revier und warnt seine Hühnerschar eindringlich, wenn ein Habicht im Anflug oder ein Fuchs im Anmarsch ist. Alle weiteren Angelegenheiten werden der alleinerziehenden Mutter überlassen. Sie schlägt sich mit den Kindern meist vaterlos durch das Vogeljahr bis zur nächsten Gruppenbalz im Frühling.

Sind die Junghähne und Junghennen schon selbstständig und bedürfen der mütterlichen Fürsorge nicht mehr, dann schließen sie sich zu gesonderten Gruppen zusammen. Diese Geschlechtertrennung beim Jungvolk der Hühner ist typisch. Man geht dem anderen Geschlecht aus dem Wege, vorerst. Männerschar und Frauenschar leben auf Distanz. Doch zur Balzzeit ändert sich dieses Verhalten notwendigerweise. Dann kommt man zueinander, weil man zueinander kommen muss, und der Kampf geht von neuem los. Jeder Hahn möchte in der Rangordnung ganz oben stehen, seine Spermien austeilen und das Begattungsglück genießen.

Ein raffiniertes Sexualverhalten ist beim Bankiva-Huhn zu beobachten. Es ist in Südostasien beheimatet und gilt als Stammform unserer Haushühner. Hier zeigt sich, dass der Hahn nicht alle Hennen über einen Kamm schert, ja, es wird sogar der Beweis angetreten, dass ein Hahn seine Lieblingshennen bevorzugt versorgt. Die Hähne verteilen nämlich ihre Spermien in unterschiedlichen Dosierungen an die Weibchen. Gegebenenfalls halten sie sogar Spermien zurück, um diese so effizient wie möglich einzusetzen. Frische Weibchen bekommen mehr Sperma zugeteilt als Weibchen, die schon bekommen haben. Bevorzugt werden auch Weibchen, die sich durch einen besonders schönen, stark durchbluteten roten Kamm auszeichnen und deshalb gesunden Nachwuchs versprechen. Besonders großzügig besamt wird ein schönes Weibchen, wenn es kurz zuvor mit einem anderen Hahn zugange war. Damit wird ein Wettlauf der Spermien zweier Hähne im Eileiter um die Befruchtung der Eier inszeniert. Nur einer kann Gewinner sein.

Viele möchten Gockel sein – Ehen mit mehreren Weibchen

Die Hühnervögel sind in ihren Geschlechterbeziehungen keineswegs ein Einzelfall. Rund neunzig Prozent aller Vogelarten bevorzugen zwar die Einehe, die Monogamie, bei der ein Männchen und ein Weibchen eine mehr oder weniger dauerhafte Zweierbeziehung anstreben. Übrig bleiben aber immerhin noch zehn Prozent Abweichler, die mehr wollen als die bloße Einehe. Dies ist zwar eine relativ kleine, aber auffallend bunte Truppe, zu der keineswegs nur Hühnervögel gehören. Diese Vögel suchen die beziehungsmäßige Vielfalt, die Abwechslung und streben die Mehrehe an, auch Vielehe oder Polygamie genannt. Anscheinend kommt die Polygamie bei Vogelarten in Landschaften mit freier Sicht öfter vor als bei den Vögeln des Waldes. Woran das wohl liegen mag, darüber kann man spekulieren. Vielleicht hebt der freie Blick in den offenen Landschaften die Auswahlmöglichkeiten und steigert den Appetit auf Mehr?
Ein bekannter Vogel der offenen Landschaft ist der Strauß, der in den Savannen Afrikas seine Heimat hat. Der Nandu, ein strau-

ßenähnlicher Laufvogel ist dagegen im Grasland der Pampas in Südamerika zu Hause. Beide Arten, Strauße wie Nandus, werden inzwischen auch als Haustiere in Europa gehalten. Einige Nandu-Exemplare haben es geschafft, sich aus norddeutscher Gefangenschaft in die Freiheit Mecklenburgs zu retten. Dort breiten sie sich auf den Feldern und Wiesen aus und vermehren sich wider Erwarten prächtig. Verblüffend und im wahrsten Sinne exotisch muten ihre Beziehungsverhältnisse zwischen den Geschlechtern an.

Das Paarungsverhalten beginnt in bekannter Hühnervogel-Manier: Ein Nandu-Hahn sichert ein Revier und vertreibt ganz entschieden andere Männchen mit Fußtritten und Schnabelhieben. Entschieden freundlicher pflegt er mit den Nandu-Hennen zu verfahren. Diese umrundet er mit ausgebreiteten Flügeln und lockt sie in seine Gemächer unter freiem Himmel, wo er sie nacheinander begattet. Bis zu zehn Hennen entfallen auf einen Gatten. Dabei gibt er immer wieder den typischen „nan-du"-Laut von sich, was so viel wie „nun du" bedeuten könnte.

Nach einer solchen Serienhochzeit fällt der Nandu-Mann völlig aus der Rolle. Er umgeht die unübersichtliche Lage mit den vielen Weibchen durch eine ausgesprochen eigenwillige Lösung: Er lässt die Früchte seiner Nandu-Liebschaften in ein Gemeinschaftsnest legen. Das ist nichts anderes als eine Bodenvertiefung, die er zuvor eigenfüßig ausgescharrt hat. Wenn dem Nandu-Hahn das Nest ausreichend mit Eiern gefüllt erscheint, besetzt er es und erklärt es zu seinem persönlichen Eigentum. Kommen dennoch legebereite Weibchen, dann legen sie ihr Ei neben das Nest ab und der Nestbesitzer rollt die Nachlieferung behutsam ins Nest. Doch irgendwann ist Schluss damit. Das kann bei zehn bis dreißig Eiern der Fall sein, doch auch achtzig Eier pro Nest wurden in Extremfällen schon gezählt. Sechs Wochen lang bebrütet der Hahn nun ohne jeglichen Beistand das Gelege – eine ziemlich ungewöhnliche Leistung für einen männlichen Großvogel! Die Hennen indessen ziehen weiter zum nächsten empfangsbereiten Hahn und führen eine Art Liebes-Nomadentum. Während der Brutzeit verhält sich der Hahn extrem aggressiv gegenüber Eindringlingen jedweder Art. Dieses Verhalten trifft auch Nachzüglerinnen unter den Hennen, die verspätet zum

Ablegen der Eier erscheinen. Der Hahn verweigert ihnen irgendwann den Zutritt. So werden in der Legenot der Weibchen manchmal noch Eier im Randbereich des verteidigten Nests abgelegt. Sie sind für die Nachzucht verloren. Einen Zweck erfüllen die verlegten Eier aber dann doch noch: Faulende Eier locken Fliegen und andere Insekten an, die dem nicht abkömmlichen Nandu-Mann als willkommene Speise dienen, so dass er bei Kräften bleibt.

Nach dem Schlüpfen bleiben die jungen Nandus etwa sechs Monate beim alleinerziehenden Vater. Der bewacht das Küken-Gewimmel, so gut er kann. Die Küken geben ständig Pfeiflaute von sich. So können sie schnell wiedergefunden werden, sollten sie einmal auf Abwege geraten. Alles in allem: Ein außergewöhnliches, aber erfolgreiches Beziehungsmodell!

Fernab vom Menschen inmitten ausgedehnter Schilf- und Röhrichtgürtel ist die Rohrdommel zu Hause. Sie ist eine Meisterin der Tarnung und kann sich inmitten schwankender Schilfhalme fast unsichtbar machen. Dazu streckt sie Kopf, Hals und Körper in die Länge und nimmt eine senkrechte Stellung ein, die an einen Pfahl erinnert. In Verbindung mit dem passenden Tarngefieder verschwimmen Konturen des Vogels so komplett mit der Landschaft. Doch auch wer versteckt lebt, will irgendwann gefunden werden, spätestens zur Paarungszeit. Spätestens dann wird getrommelt – oder besser gedommelt? Der Rohrdommel-Mann ruft vor allem in der Morgendämmerung, aber wenn er sich in Hochstimmung fühlt, hört man ihn auch am Tage. Sein dumpfer und wie ein fernes Nebelhorn klingender Ruf soll an ein im Sumpf versinkendes Rind erinnern. Deshalb wird der Vogel auch „Moorochse" genannt. Heute bekommt man kaum versinkende Rinder zu Gehör (zum Glück), noch rufende Rohrdommeln (unser Pech), denn sie sind in deutschen Landen ziemlich selten geworden. Warum wohl hat die Dommel den Rückzug angetreten? Ihre Lebensräume, Sümpfe und Moore, sind auf kümmerliche Reste zusammengeschrumpft. Das Wasser wurde ihnen ausgetrieben und das Schilf ist verschwunden. Der sagenumwobene Ruf der Dommel – er ist auf fünf Kilometer Entfernung noch wahrzunehmen – ist in der Tat sehr energieaufwändig. Zum Rufen zieht das Männchen den Hals ein und bläht den Schlund als Resonanzkörper auf. Der Dommelmann macht sich so zum aufgeblasenen Kerl. Das stoßweise Auspressen der Luft durch den nach unten gerichteten geschlossenen Schnabel erzeugt den unheimlich anmutenden Ruf. Das Einatmen ist ebenfalls hörbar, allerdings einige Stufen leiser. Im gemächlichen Takt erklingt stets eine ganze Rufreihe. Wer als Dommelmann viel, laut und oft ruft, kommt bei den Dommelfrauen gut an, demonstriert er doch seinen langen Atem. Und wer viel Puste hat, besitzt auch eine gute Fitness und taugt für das Leben. Bekommt ein Männchen fünf Rufe hintereinander zustande, erregt er schon größeres Aufsehen in der Dommel-Weibchenwelt. Der Rekord aber liegt bei sechs Rufen in Folge, vorgetragen mit leichter, spannungssteigernder Verzögerung kurz vor dem letzten Laut. Der Sechser-Ruf ist für die Weibchen wohl ähnlich beglückend wie ein Sechser im Lotto für menschliche Weibchen. Wer als Dommelmann den Sechser schafft, ist der begehrte Überflieger. Ihm fliegen die Partnerinnen nur so zu. Dommeln führen zuweilen eine monogame Lebensweise, sie tendieren aber stark zur Polygamie. So manches fitte Männchen erfreut sich deshalb mehrerer Gattinnen. Bis zu fünf Weibchen können sich zu ihm gesellen. Andere Männchen, die weniger Puste haben oder gar stottern, bleiben dagegen unbeweibt. C'est la vie!

Gewöhnlich führen Rohrdommeln als leidenschaftliche Einzelgänger eine sehr heimliche Lebensweise im Bewuchs großer Feuchtgebiete. Sie fliegen ausgesprochen selten, umso lieber klettern sie durch den Schilfwald. Es gibt aber eindrucksvolle Ausnahmen. Aus Brandenburg wurde von einem besonders fitten Überflieger berichtet. Das berühmt gewordene Dommelmännchen pendelte täglich zwischen drei Seen hin und her und musste dabei den Luftraum eines Dorfes kreuzen, weshalb es den Namen „Rohrdommel-Shuttle" verliehen bekam. Offensichtlich hatte das vielbeschäftigte Männchen an jedem See ein Weibchen und den Nachwuchs zu versorgen. Im Normalfall versteckt sich das Dommelmännchen mitsamt seinen Weibchen in ausgedehnten Schilfgürteln. Wenn das Schilf an einem See aber nicht reicht und der Wunsch nach mehreren Weibchen groß ist, muss improvisiert und manche Nebenstelle andernorts eingerichtet werden. Wohl deshalb hat sich der besagte Rohrdommel-Aktivist für mehrere Nist-Standorte an getrennten Seen entschieden – und sich dadurch letztlich verraten.

Der Gewinn mehrerer Weibchen ist für ein Männchen nicht umsonst zu haben. Polygamie hat ihren Preis. Dass Polygamisten mitunter sehr viel mehr leisten müssen, ist bei den Kiebitzen festgestellt worden. Polygam veranlagte Kiebitzmänner kommen nicht umhin, mehr Kraft und Zeit in ihre akrobatischen Schauflüge zu investieren. Schließlich müssen sie ja doppelt imponieren. Durch Berg- und Talflüge, verknüpft mit kühnen Wendungen, Überschlägen und weithin hörbaren Kiwitt-Rufen machen die schwarz-weißen Vögel mit dem langen Federschopf auf dem Scheitel auf ihre Art Furore. Hat es dann ein Kiebitz-Mann geschafft, nicht nur ein, sondern zwei Weibchen für sich zu begeistern, wächst ihm die Arbeit scheinbar über den Kopf. Ruhiger lebt es sich in monogamer Ehe, da sich beide Partner beim Brüten abwechseln. Bei Bigamie beginnt der Stress. Das Alpha-Weibchen sorgt dafür, dass ihr Männchen überdurchschnittlich lange auf den Alpha-Eiern sitzen muss. So versucht das Erstweibchen ihren Gatten stärker an sich zu binden und von der Konkurrentin fernzuhalten. Das gelingt teilweise. Doch kommt das Männchen nicht umhin, auch eine gewisse Brutzeit auf dem Zweitgelege abzusitzen, andernfalls wäre die ganze Zusatzmühe vergeblich. Aus der Doppelbelastung kann leicht eine Dreifachbelastung erwachsen. Das zehrt an den männlichen Reserven – womöglich eine Strafe für den unsteten Lebenswandel? Wer weiß? Trotz allem, für das Männchen steigt mit der Polygamie der Bruterfolg.

Während bei manchen Vogelarten, wie den Hühnern, die polygame Lebensweise Standard ist, ist sie bei anderen Vögeln wiederum eine Art Option. Sie können, müssen aber nicht von der Regel der Monogamie abweichen. Wie kommen diese Regelverstöße zustande? Die einfachste Antwort: Arithmetische Ungleichgewichte können abweichendes Verhalten befördern. Schon durch einen Überschuss an männlichem oder an weiblichem Personal kann die Monogamie unterlaufen werden. Schließlich will jeder mal drankommen, so dass es sogar den Anschein von Gerechtigkeit haben könnte, wenn überzählige Männchen oder Weibchen von schon verpaarten

Tieren eheähnlich mitbetreut werden. Und schon kann aus einer Einehe eine Mehrehe werden, aus Monogamie wird Polygamie. Beziehungen zu mehreren Partnern erfordern bekanntermaßen ein besonderes Organisationstalent. Will ein Vogelmännchen mehrere Vogelweibchen zur gleichen Zeit für sich gewinnen, kann er das auf zwei unterschiedlichen Wegen anstellen: Zum einen kann sich das Männchen mit verschiedenen Weibchen auf ein- und demselben Territorium paaren. Dann brüten die Weibchen dicht beieinander, manchmal sogar im Sichtkontakt. Konkurrentinnen werden zu Nachbarinnen und müssen sich ertragen. Zum anderen kann aber ein starkes Männchen auch mehrere Reviere besitzen, in denen jeweils eines seiner Weibchen haust. Dann besitzt jedes Weibchen seinen völlig eigenen Hausstand und muss sich nicht mit anderen Weibchen wegen täglichen Allerleis arrangieren. Unabdingbare Voraussetzung für diese Art der Beziehungsmodelle sind gute Futtervorräte. Wo Schmalhans Küchenmeister ist, versagt die Vielehe.

Lust auf fremde Federn – Kleine Männer

Kleine Männer haben bekanntlich Komplexe. Sie wollen groß und wichtig sein. Sie fahren extravagante Autos und führen teure Frauen aus. Sie präsentieren Präsente und würden am liebsten Präsident sein. Oder doch gleich König über ein ganzes Reich?
Der Zaunkönig hat es geschafft. Er ist ein kleiner König und einer der kleinsten Wichte im Reich der Vögel, mit acht bis zehn Gramm Körpergewicht ein regelrechter Winzling, ein Vogelzwerg. Als das ganze Gegenteil erscheint seine Stimme, ein unüberhörbares Schwergewicht im Freiluftkonzert. Die mit Inbrunst geschmetterten Lieder des Zaunkönigs gehören zu den dominantesten Gesangsdarbietungen in den Wäldern, Parks und Gärten. Voraussetzungen für seine Auftritte sind ausreichend Deckung und zumindest ein Hauch von Wildnis. Schnell wie eine Maus huscht er dabei durch

das Pflanzengewirr. Dem kleinen, aber rastlosen Kerl bleibt kaum etwas anderes übrig, als sich wichtig zu tun. Will er Erfolg in der Damenwelt haben, muss er erhört werden – besser von mehreren als nur von einem Weibchen. Deshalb schmettert und trillert er in selbstbewusster, königlicher Manier, was seine paar Gramm hergeben. Bei Erregung richtet er seinen Schwanz steil auf und singt dazu noch lauter.

Die Zaunköniginnen gelten als ausgesprochen anfällig für diese Art von Lockrufen. Im Gegensatz zum König, der reviertreu und bodenständig ist und sein Reich kaum jemals verlässt, erweisen sich die kleinen flotten Weibchen als sehr variabel, was das Revier oder den Partner angeht. Dem König kommen diese Neigungen außerordentlich entgegen. Schwach werden die Weibchen vor allem dann, wenn ein Zaunkönigmännchen möglichst viele Wahlnester auf Lager hat und diese mit einer heftigen Schmettertour feilbietet. Drei Apartments aus weichem Moos im Angebot gelten als wenig, acht als viel. Dem Achter-Apartment-Inhaber fliegen die Weibchen nur so zu. Der Erfolg liegt auf der Hand bzw. im Nest: Die meisten Eier wurden in Nestern von Weibchen gefunden, die mit polygamen Männchen verpaart waren, sich ihren Mann also mit anderen Zaunköniginnen teilen mussten. Erstaunlich ist dieser Lege-Erfolg der Weibchen vor allem deshalb, weil Zaunkönige ihren Hang zur Vielehe nicht nur zeitversetzt, sondern gelegentlich sogar zeitgleich ausleben. Zu erklären ist dieses Phänomen nur dadurch, dass die Zaunkönigmännchen mit den vielen bewohnten Nestern im Besitz der besten Reviere sind. Der letztendliche Maßstab der Beliebtheit von Männchen ist der Stand seines Futterkontos. Ein hoher Kontostand verspricht eine hohe weibliche Begeisterung. Da die Brutstätten oft nur wenige Meter getrennt sind, könnte auch der Wettbewerb zwischen den kleinen Königinnen um die meisten Eier eine Rolle spielen. Jedes Weibchen möchte vielleicht die beste und erfolgreichste Königin sein. Möglicherweise hebt die Anwesenheit fremder Weibchen die eigene Stimmung und damit die Legeleistung. Kurzum: Das Zaunkönig-Modell scheint ein Erfolgsmuster zu sein. Bis zu fünfzig Prozent der Könige können mit mehreren Weibchen zusammenleben. Das spricht für sich!

Haussperlinge verhalten sich dagegen weniger ausschweifend. Dennoch gehören zehn Prozent der kleinen Spatzen zu den Abweichlern von der üblichen Einehe. Das Abweichen von der Norm kann damit beginnen, dass ein Spatzenmännchen in guter Ehe ein nur um wenige Flügelbreiten entferntes Nachbarnest samt einem verwitweten Weibchen in seinen Herrschaftsbereich übernimmt. Ein echter Kavalier kann doch eine alleinstehende Spatzenfrau nicht einfach ihrem Schicksal überlassen! Nach einer solchen freundlichen Übernahme driftet die monogame Ehe in einen Fall von Bigamie. Doch die Liebschaft ist mitunter an Bedingungen geknüpft. Es kann sogar soweit kommen, dass das Männchen zwar für Weibchen und Nest, aber nicht für den Inhalt die Verantwortung tragen will. „Frau mit Kindern angenehm" – das gilt nicht für Herrn Spatz. Um seine Vaterschaft zu sichern, schreitet er zur Nestreinigung und beseitigt die für ihn fremden Eier. Das Nest ist dann frei für einen neuen, eigenen Wurf. Doch gefällt das dem Erstweibchen? Wohl kaum! Es hat keine Lust, ihren Gatten mit einer Nebenfrau zu teilen. So versucht es, den zum Zweifrauen-Männchen konvertierten Gatten für sich zu monopolisieren. Die Spatzenmethode ist ganz simpel: Das Erstweibchen macht dem Zweitweibchen das Leben schwer. Zank und Streit stehen auf der Tagesordnung und wenn alles nicht hilft, müssen die Eier oder gar die Jungen dran glauben. Das Erstweibchen entfernt sie aus dem Nest des Zweitweibchens. Mit diesem rabiaten Akt der Reinigung ist sichergestellt, dass das Privileg des Nachwuchses ausschließlich dem ursprünglichen Paar zukommt.
Solche Dramen können vorkommen – lassen sich aber auch vermeiden. Schlaue Spatzen umgehen ein derartiges Gezerre. Sie führen nach außen hin eine vorbildliche monogame Partnerschaft, die ordnungsgemäße Einehe. Ihr Begattungsfleiß ist gerade zu schwindelerregend. Spatzenpaare bringen es auf über fünfhundert intime Begegnungen im Jahr! So wird jedes Spatzenei statistisch vierzigmal befruchtet! Wenn das nicht hilft, was dann? Dieser Begattungseifer schweißt einfach zusammen. Dennoch hat auch so mancher Spatz Lust auf fremde Federn, die er nicht dauernd unterdrücken will oder kann. Männchen wie Weibchen scheinen auch für flüchtige Begegnungen offen zu sein. Kopulationsforscher haben bei Spat-

zen einen Fremdkopulationsanteil von zehn Prozent ermittelt. Also jede zehnte Intimbegegnung ist ein Ausrutscher. Dennoch: Die eigentliche Partnerschaft wird durch derartige Nebentätigkeiten nicht generell infrage gestellt. Einem anstrengenden Dreierkonflikt gehen Spatz und Spätzin auf diese Weise geschickt aus dem Wege. Lust auf viele Weibchen haben auch manche Grauammer-Männchen. Grauammern sind, wie der Name schon vermuten lässt, völlig unscheinbare Singvögel, die an Feldrändern und feuchten Wiesen leben. Gern sitzt das Männchen auf einem Zaunpfahl und trägt sein Lied vor, das einem klirrenden Schlüsselbund ähnlich klingt. Bis zu sieben Weibchen vermag der kleine Vogelmann in schlichtem Graubraun um sich zu scharen und an sich zu binden. Wie macht er das nur? Ganz einfach: Das Männchen balzt jedes erreichbare Weibchen an. Mit seinem ausdauernden Gesang lädt er die Weibchen in sein Revier ein und verspricht ihnen das Blaue vom Himmel. Dann ziehen sie zusammen, allesamt, sieben Frauen und ein Mann. Die gesamte Weibchengilde ist zu Gast im Mannes-Revier. Die Weibchen nisten dicht beieinander, manchmal sogar Auge in Auge. Konkurrentinnen werden zu Nachbarinnen. Sie scheinen sich zu vertragen und zeigen keinerlei Aggressionen. Das Männchen ist dagegen anders gestrickt. Als Revierbesitzer muss er gegen die bekannten männlichen Begierden anderer Anwärter sein Revier mit all den eingesammelten Schätzchen verteidigen. Für unser Auge sind Männchen und Weibchen der Grauammern nicht unterscheidbar. Eine polizeiliche Fahndung hätte wenig Erfolg. Im Steckbrief würde stehen: Keine besonderen Kennzeichen. Das macht die Sache für den menschlichen Beobachter der Männchen-Weibchen-Beziehungen umso schwieriger. Sicher ist: Jedes Weibchen baut für sich am Boden ein gut verstecktes Nest, um die rötlichen Eier abzulegen. Das Brutgeschäft kann auf Grund der zahlenmäßigen Ungleichheit nur schwerlich zwischen den Geschlechtern aufgeteilt werden, so dass es allein Sache der werdenden Mütter ist. Ab und an kommt das Grauammermännchen vorbei, um ein Weibchen zu einer kurzen Brutpause einzuladen und für einen Kurzausflug abzuholen. Doch bald muss es zu seinem Pflichtprogramm zurückkehren. Bei der Fütterung setzt sich die einseitige Lastenverteilung fort. Nur selten bemüht sich das Männchen, tätig zu werden. Erschwerend kommt hinzu, dass im Gegensatz zu den pflegeleichten Hühnerküken die Singvogel-Jungen noch knapp zwei Wochen im Nest hocken und auf unentwegte Hilfe angewiesen sind. Die Vogelweibchen haben in dieser Zeit vollauf zu tun und müssen als quasi Alleinstehende doppelte Arbeit leisten. Es ist anscheinend ein hoher Preis für die Vielweiberei, den die Weibchen zu tragen haben. Doch auch mit dem Nachwuchs ist es unter diesen Umständen nicht gerade bestens bestellt. Wenn Weibchen ohne männliche Hilfe das Futter für die Küken herbeischleppen müssen, kann in dieser Zeit niemand die Jungen beschützen und wärmen, die Sterblichkeitsrate bei den Nestlingen liegt dann deutlich höher.

Generell sind Mehrweibchenehen alles andere als problemfrei. Die Konflikte spitzen sich ganz besonders dann zu, wenn die Weibchen zur gleichen Zeit paarungsbereit sind. Auch wenn es das Männchen noch locker schafft, mehrere Weibchen parallel zu befruchten, so wird es bei den nachfolgenden Aufgaben eng. Bei der Fütterung der Jungen kann sich das Männchen nicht zerreißen. Es entscheidet sich, wenn überhaupt, am ehesten für die Unterstützung des Hauptweibchens mit den Hauptkindern. Während sich das Männchen noch um sein primäres Weibchen und dessen Brut kümmern kann, bleiben die nachrangigen Weibchen zumeist allein auf ihren Nestern und Pflichtaufgaben hocken. Deshalb ist es kaum vermeidbar, dass es in Abwesenheit des Hauptmännchens zu Männerbesuchen mit Fremdbegattungen und schließlich zu multiplen Vaterschaften kommen kann. Somit haben nicht selten viele Väter Anteil am Nestinhalt.

Die Tendenz zur Mehrweibchenehe scheint bei Singvögeln mit wachsendem Alter zuzunehmen. Bei älteren Männchen wurde sie häufiger festgestellt als bei jüngeren. Allerdings schwächeln Singvogelmännchen manchmal schon ab dem vierten Lebensjahr und müssen den Platz für die kampfeslustigen Dreijährigen räumen. Die Zweitweibchen sind in aller Regel jünger als die Erstweibchen. Das hängt wohl damit zusammen, dass die Hauptweibchen die erfahreneren und stärkeren sind und im Frühjahr als erste im Revier ankommen. Jüngere Weibchen bummeln gerne und müssen sich mit dem zufrieden geben, was an männlicher Zuwendung für sie übrigbleibt.

Stellt sich die Frage, warum Weibchen sich überhaupt auf eine Nebenrolle einlassen und sich mit einem bereits verpaarten Gatten einlassen? Die Antwort dürfte klar sein: Lieber als Zweitweibchen die Gene eines erstklassigen, tüchtigen Vaters empfangen und in einem guten Revier immer noch hinlänglich gut versorgt sein statt als Erstweibchen eines schwachen Männchens in einem ärmlichen Umfeld das Dasein fristen müssen.

Weibchen mit mehreren Männchen

Unter den armen Bergvölkern in den abgelegenen Tälern des Himalaya ist es heute noch üblich, dass eine Frau zwei oder auch noch mehr Männer haben kann. Meist handelt es sich um zwei Brüder, die gemeinsam eine Frau heiraten. Die Mehrmänner-Ehe ist eine Art Lebens- und Wirtschaftsgemeinschaft, um unter den kargen Lebensbedingungen über die Runden zu kommen. Während ein Bruder mit der Yak-Herde monatelang durch die Berge zieht, wohnt der andere als Mann bei der gemeinsamen Frau und den gemeinsamen Kindern und besorgt Haus und Garten. Nach einer gewissen Zeitspanne wird gewechselt: Der Hirte wird zum Mann und der Mann zum Hirten. Ein offenbar praktikables Modell, das aus den extremen Lebensbedingungen heraus entstanden ist und sich bewährt hat.

Nicht nur bei Naturvölkern, auch im Reich der Tiere kommt sie vor, die Mehrehe zwischen einem Weibchen und mehreren Männchen. Zwar sind in der Vogelwelt die meisten Polygamisten erwartungsgemäß Männer. Aber es geht auch umgekehrt. Wenn ein Weibchen mehrere Männchen gleichzeitig für sich begeistern kann, handelt es sich um Vielmännerei oder im Wissenschaftslatein um Polyandrie. Das Gegenteil, die Verpaarung eines einzelnen Männchens mit mehreren Weibchen, wird im Wissenschaftsgriechisch als Polygynie bezeichnet, zu Deutsch: Vielweiberei.

Die Vielmännerei wird gelegentlich bei den Spechten betrieben, beobachtet bei den Dreizehenspechten. Wie schon der Name verrät, besitzen diese Spechte nur drei Zehen, wovon eine Zehe nach hinten ausgerichtet ist – zum Abstützen bei der alltäglichen Kletterei. Die seltenen, schwarzweiß gescheckten Vögel kommen nur in alten Gebirgswäldern vor, wo sie ausreichend morsches Holz finden, in dem sie Holzkäfer und deren Larven aufspüren. Diese Leckerbissen sind ihre wichtigste Nahrungsquelle. Die Liebesbeziehungen der Spechte setzen im Frühling ein. Mit Hilfe kraftvoller Trommelwirbel finden Weibchen und Männchen zueinander. Das Weibchen des Dreizehenspechtes verpaart sich zunächst ganz unverdächtig mit einem Spechtgatten, zimmert mit ihm in Gemeinschaftsarbeit eine Höhle in einem alten Baumstamm und legt drei bis vier Eier hinein. Zeitgleich kommt es vor, dass sich die Spechtfrau mit einem anderen Spechtmann einlässt. Dieser kann, so wurde es nachgewiesen, ein Nachbar aus guter Spechtehe sein, es kann sich aber genauso gut um einen suchenden Jungspecht oder um einen einsamen Witwer handeln. Aus dieser Zweitbeziehung folgt ebenfalls ein Nest mit Eiern. Die Spechtfrau hat nun zwei Gelege aus eigener Produktion gleichzeitig zu versorgen, gewissermaßen zwei Haushalte, im Finanzamtsdeutsch wäre es eine „doppelte Haushaltsführung". Wie schafft sie das nur? Spechtweibchen haben Glück, weil auch die Männer grundsätzlich in der Lage sind, sich auf die Eier zu setzen und Wärme zu spenden. So werden die zwei Gelege eines Weibchens zu Dritt im ständigen Wechsel erbrütet. Zwei Männchen und ein Weibchen bilden eine Brutgemeinschaft. Das Weibchen verteilt seine Brutpflege auf zwei Nester. Genauso läuft es beim Füttern der Jungspechte ab. In der Bilanz erhöht sich bei diesem Ehemodell das Arbeitspensum für alle drei beteiligten Spechte um ein Drittel. Dafür verdoppelt sich der Bruterfolg für das Weibchen. Durch die praktizierte Lastenteilung geht letztlich alles gut aus.

Amouröse Geschichten gibt es von den kleinsten europäischen Schwalben zu berichten, den Uferschwalben. Die oberseits braunen und unten weißen Vögel sind im hohen Maße gesellig und immer in Trupps oder Schwärmen unterwegs. Selbst das Brüten erfolgt in Gesellschaft. An steilen Uferabbrüchen von Flüssen oder Kiesgruben werden die waagerechten Bruröhren dicht an dicht in die sandig-lehmige Erde gegraben. Als Grabwerkzeuge werden der Schnabel und die Füße eingesetzt. Bis zu einem Meter tief ist die Röhre, an deren Ende sich die kugelförmig erweiterte und ausgepolsterte Brutkammer befindet. Hunderte von Brutpaaren können sich zu einer großen Kolonie zusammenschließen. Gemeinsam gehen sie auf Insektenjagd und sausen dabei über die Wasseroberfläche. Der Flug der Uferschwalben wirkt auffallend flattrig. Schon das könnte einen Hinweis auf den Charakter dieser Vögel geben. Man mag es den zarten Schwälbchen auf den ersten Blick nicht ansehen, aber die Weibchen dieser flitzenden Zick-Zack-Flieger pflegen mitunter die Ehe mit mehreren Schwalbenmännern. Der Unterschied zum Spechtmodell: Die Uferschwalben-Beziehungen verlaufen sukzessive, nacheinander also. Die zeitliche Versetzung der Mehrehe vereinfacht die Beziehungskiste nicht unerheblich. Schritt für Schritt geht das so: Ein Männchen lockt mit Balzflügen vor der Niströhre ein Weibchen an. Beide gehen zunächst eine normale Brutehe ein. Das Männchen achtet vor und während der Eiablage sehr auf sein Weibchen. Da sich das Uferschwalben-Leben in einer Brutkolonie mit reichlichem Hin- und Hergeflatter abspielt, gibt es viel aufzupassen. Doch kopulieren die Männchen bei allem Aufpassen auf das eigene Weibchen selber durchaus gerne mit fremden Weibchen, die zuhauf auf engem Raum herumfliegen. Sie gewähren sich somit ein Recht, das sie ihren eigenen Partnerinnen nicht zugestehen wollen. Doch mitten in der Brutzeit kann sich das Blatt wenden. Das Schwalbenweibchen kündigt fristlos die Ehe auf. Schuldbewusst oder auch nicht führt das sitzen gelassene Männchen die begonnene Brut eigenständig zu Ende. Das funktioniert auch gut, weil Schwalbenmännchen perfekte Hausmänner sind und den Nachwuchs versorgen können. Die flüchtige Vogelfrau hat indessen eine große Auswahl von ledigen Uferschwalbenmännchen, die vor ihren Höhleneingängen verlangend nach einer Partnerin rufen. Der häufigste Ruf erinnert an das Schnalzen der Zähne eines Kammes. Lässt sich das Weibchen dadurch einladen, stellt es umgehend das schon begonnene Höhlennest fertig, und auf geht's zur zweiten Brutrunde. Diese wird in der Regel gemeinsam zu Ende geführt: beide brüten, beide hudern, beide füttern, so wie es in einer normalen Brutehe zugeht.

Weibchen in Hosen – Rollentausch der Geschlechter

Warum nicht einmal in die Rolle des anderen Geschlechts schlüpfen? So manchem Zeitgenossen erscheint es reizvoll, die Reizwäsche zu wechseln, um die ursprüngliche Bestimmung abzulegen und stattdessen die gegenteilige Berufung anzunehmen. Wäre das nicht immens horizonterweiternd, wenn Männer auch ganz praktisch erfahren könnten, wie Frauen denken und fühlen? Und umgekehrt ganz genauso? Könnten solche Erfahrungen die Verständigung zwischen den Geschlechtern nicht erheblich erleichtern und die Beziehungen harmonisieren oder zumindest klären helfen?

Das, was sich manche Frau vielleicht wünscht und mancher Mann fürchten könnte, hat ein kleiner, zierlicher Vögel in der Einsamkeit der arktischen Tundra bereits in die Tat umgesetzt: Es ist das Odinshühnchen, benannt nach dem höchsten germanischen Gott Odin, das die Normalität der Vogelwelt ganz und gar auf den Kopf gestellt hat. Hier hat das Weibchen die Hosen an und spielt in der Partnerschaft die erste Geige. Im Gegensatz zur oft üblichen Rollenverteilung bei Vögeln sind in diesem Falle die Weibchen die Schönen, aber auch die Starken und Beherrschenden. Sie sind größer und kräftiger als die Männchen, zudem farbenprächtiger und mit der gefälligeren Stimme gesegnet.

Beim Odinshühnchen handelt es sich nicht um ein Huhn, wie der Namen vermuten ließe, sondern um einen kleinen, zarten Watvogel, der an kleinen Seen und Tümpeln im hohen Norden Skandinaviens und Russlands seine Brutheimat hat, dort, wo die letzten Bäume, Weiden und Birken, den unwirtlichen Bedingungen gerade noch trotzen können. Fast immer tummelt sich dieser sperlingsgroße Vogel auf dem Wasser und nickt dabei unablässig mit seinem Köpfchen. Sein Markenzeichen: Wie ein flinker Kreisel dreht sich das Vögelchen im Wasser um die eigene Achse und scheucht dabei kleine Beutetiere auf. In Mitteleuropa lässt es sich lediglich bei der Rast an flachen Küsten blicken, auf dem Weg ins warme Winterquartier. Während auf dem Herbstzug Weibchen wie Männchen mit gedeckten Farben ausgestattet sind und sehr ähnlich aussehen, ändert sich das Erscheinungsbild im Frühling. Es sind – und das ist eine der wenigen Ausnahmen in der Vogelwelt – die Weibchen, die sich bei dieser Vogelart in Schale werfen. Sie legen sich ein Prachtkleid mit leuchtend rotbraunem Schal an und machen sich damit zum unverwechselbaren Blickfang.

Um ihre Stärke noch mehr zu unterstreichen, schließen sich die Weibchen anfangs in Trupps zusammen und gehen auf Werbefeldzug. Es geht, wie könnte es anders sein, um das Anwerben von Männchen. Mit schönen Kleidern und betörenden Gesängen versuchen die kleinen Hühnchen die noch kleineren Hähnchen zu beeindrucken. Sie recken sich aus dem Wasser und setzen sich mit pfeifenden Flügelschlägen in Szene. Es folgt der Hochzeitsflug flach über das Wasser und nach der Landung werden die Männchen mit weichen Tönen angelockt. Das kommt gut an. Das Hühnchen verpaart sich schließlich mit einem Hähnchen und legt die befruchteten Eier in eine Nestmulde am Boden, getarnt von Seggenhalmen. Ist das Nest gefüllt, verlässt das Weibchen ohne jeden Abschiedsgruß den kleinen Gatten. Sie lässt ihn im wahrsten Sinne des Wortes sitzen – auf den Eiern.

Für dieses Gelege – der Nachlass einer heißen, aber kurzen Liebe – ist nun das treusorgende Männchen allein verantwortlich. Ganz ohne Murren stellt sich der werdende Vogelvater den Herausforderungen. Er hat von Natur aus Tarnfarben, um beim Brüten nicht aufzufallen. Auch die Versorgung und Betreuung des Nachwuchses obliegt allein dem Männchen. Das Weibchen aber zieht weiter, balzt und präsentiert seinen schönen roten Hals vor anderen potentiellen Partnern. Nach einer knapp bemessenen Schamfrist von wenigen Tagen stellt es sich beim nächsten Männchen als heiße Liebhaberin vor. So kann das Hühnchen bis zu vier Partner in einer Saison nacheinander auf ihre Art beglücken. Die Rollen der Geschlechter sind komplett vertauscht, sieht man vom Eierlegen einmal ab. Das Weibchen zeigt sogar während seiner kurzen Gastrolle Revierverhalten und vertreibt eifersüchtig andere Weibchen. Es legt Wert auf klare Verhältnisse, zumindest lebensabschnittsweise. So werden konsequent nur Eier in das Nest eines Männchens gelegt, die auch von diesem befruchtet wurden, ein ausgesprochen faires Verhalten, soweit man von Fairness überhaupt reden kann. Damit wachsen ausschließlich leibliche Vogelkinder heran und alles hat seine Ordnung, nur eben eine umgekehrte Ordnung. Es handelt sich bei diesem Beziehungsmuster um eine aufeinanderfolgende, serielle Vielmännerei, um Polyandrie.

Worin bestehen nun die Vorteile der Vielmännerei? Sie liegen klar auf weiblicher Seite. Starke Weibchen nutzen auf diese Weise ihre Chancen auf eine Steigerung ihrer Nachkommenschaft. Statt vier Vogelkinder in einer Saison können im besten Falle viermal vier Jungvögel von ein und derselben Mutter das Licht der Welt erblicken. Für den kurzen arktischen Sommer, der bei monogamen Paarbeziehungen bestenfalls eine erfolgreiche Brut zuließe, bietet die Vielmännerei-Lösung einen deutlichen Mehrwert für die Arterhaltung.

Das Odinshühnchen steht mit seiner Vorliebe für eine verdrehte Welt nicht alleine da. Ähnliche Verhältnisse sind beim Mornellregenpfeifer gang und gäbe, einem amselgroßen Watvogel aus dem steinigen, baumlosen Norden Skandinaviens. Nach der Rückkehr aus dem warmen Winterquartier präsentiert sich das Weibchen mit kreisenden Singflügen und stellt mit dem Ruf „bitt-bitt-bitt…" seinen Heiratsantrag. Dick unterstrichen wird der Antrag durch die auffallend weißen Bänder an Kopf und Brust und durch ein mächtiges Aufplustern des Gefieders. Die Paarung erfolgt nach einer wilden Verfolgungsjagd durch das Weibchen, begleitet von ganz und gar unweiblichem Geschrei. Als Resultat des lauten Liebesspieles legt das Weibchen seine drei Eier in eine einfache, mit nur wenig Moos oder Flechten gepolsterte Nistmulde auf dem Boden. Das war es dann aber auch schon mit der Partnerschaft.

Während das Männchen brav auf den Eiern Platz nimmt, schwirrt das Weibchen durch die Gegend und sucht nach neuen männlichen Opfern. Der brütende, treu sorgende Vater lässt sich nicht aus der Ruhe bringen, selbst wenn man ihn berührt, ergreift er nicht die Flucht. Wie kaum ein anderer Vogel scheint er weniger mit seinem Weibchen als vielmehr mit den ihm anvertrauten Eiern ein unzertrennliches Bündnis geschlossen zu haben, die Eier-Ehe gewissermaßen. Wenn die Jungen geschlüpft sind, werden sie noch einen ganzen Monat vom Männchen betreut und versorgt. Als Bodenbrüter hat der Regenpfeifer viele Feinde abzuwehren. Rückt ein Feind näher, täuscht der treusorgende Vater eine Verletzung vor und bietet sich zum Schein als leicht fassbare Beute an, um den räuberischen Gast von den Jungvögeln abzulenken. Nicht immer gelingt es dem furchtlosen Vogel, seine Jungen großzuziehen. Aber das ist nur halb so schlimm: Sein Weibchen hat vorgesorgt und noch anderenorts Männchen mit weiteren Bruten beauftragt.

Auch die Kampfwachtel-Weibchen sind für ihren Hang zum Rollentausch und zur Vielmännerei bekannt. Ihr Paarungsritual läuft sehr außergewöhnlich ab: auf einer Wiese hockt sich das im Vergleich zum Weibchen kleinere und schwächere Männchen hin. Das mit Farben üppiger ausgestattete Weibchen dreht mit erhobenem Schwanz Kreise um den Angebeteten und bläst dazu seine Kehle auf. Zwischendurch bleibt es stehen und beginnt zu gurren und zu brummen. In der gesteigerten Erregung stampft und scharrt das Weibchen mit den Füßen. Nach einiger Zeit fängt das Männchen zu wimmern an. Die weibliche Werbung tritt dann in die Erfolgsphase ein. Der Gatte begattet die Gattin. Doch die Glücksgefühle sollen nicht von Dauer sein. Das Weibchen setzt nach der Eiablage die Männerschau fort, sucht sich einen neuen Partner auf einer anderen Wiese und überlässt Mann und Ei ihrem gemeinsamen Schicksal. Wen wundert es, wenn diese Weibchen auch Laufhühner genannt werden?

Freie Liebe der Rohrsängerinnen

Es gibt Sänger, die fast niemand kennt und die man kaum auf öffentlichen Bühnen findet. Die Seggenrohrsänger gehören dazu. Sie zählen zu Europas seltensten Singvögeln. Das war nicht immer so, denn bevor die Moore und Auen entwässert wurden, galt der Seggenrohrsänger als „Spatz der Flusstalmoore". Sein Rückzug ist dramatisch wie tragisch. Heute wissen nur noch ausgewiesene Experten um dessen Existenz und Lebensweise. Seggenrohrsänger sind Vögel mit einem gewissen Etwas. Nicht unbedingt wegen ihres Gesanges, sondern wegen ihres ungewöhnlichen Liebeslebens. Nicht von ungefähr nennt man sie auch die Don Juans der Moore.

Es handelt sich um einen ziemlich kleinen, auf Kopf und Mantel hell gestreiften, sonst überwiegend braunen Vogel, der recht munter pfeifen und schnarren kann. Sein Zuhause sind offene Gras-Sümpfe. Zuletzt hat man ihn im äußersten Nordosten Deutschlands zu Gehör bekommen. Nun gilt der Osten Polens, Weißrussland und die Ukraine als sein letztes Rückzugsgebiet. Die Spezialität dieser Vögel: Sie leben das Modell der freien Liebe. Männchen wie Weibchen versuchen, sich mit möglichst vielen Partnern zu paaren. Diese Vögel gehen ganz und gar eigene Wege. Sie haben sich von Bindungen jedweder Art vollkommen gelöst. Das gilt nicht nur in Bezug auf einen Partner. Auch eine starre Ortsbindung ist passé. Paarzusammenhalt und das Festhalten an einem Revier gelten als überholt. Ein freiheitliches Lebensmodell ohne festgefügte Ansprüche in Bezug auf Partner und Besitz, ohne Kampf und Aggression, ganz friedlich also? Es scheint ganz so.

Es sind offenbar die Weibchen, die diese freizügigen Verhältnisse anstreben. Sie schaffen die materiellen Voraussetzungen aus eigener Kraft und verzichten ganz und gar auf männlichen Beistand. Die Weibchen handeln getreu dem Motto: Selbständigkeit ist die Grundlage für ein freies und selbstbestimmtes Leben. Der Preis der Freiheit liegt allerdings in einem erhöhten Gefahrenrisiko, denn es fehlt der männliche Beschützer. Ob darin der Grund für das ganz besonders heimliche Leben der Seggenrohrsängerinnen liegt, ist nicht sicher. Die Männchen haben jedenfalls verstanden. Sie singen am aktivsten in der Dämmerung, just zu dem Zeitpunkt, zu dem sich die Weibchen aus der Deckung wagen.

Zur perfekten Unabhängigkeit gehört auch, dass das Weibchen sein Nest in Eigenregie errichtet. Das geschieht im Schutze des dichten Pflanzengewirrs der Seggen und Binsen. Als Baumaterial dienen Seggenblätter. Erst wenn das Frauenhäuschen mitten im Sumpf fertig gestellt ist, wird den werbenden Junggesellen ein Ohr geschenkt. Erst dann geht es auf Männerschau. Fliegt ihr im Röhricht ein passendes Männchen über den Weg, so kommt es zu einer ausgiebigen Begattung. Die Mehrfach-Besamung kann bis zu fünfundvierzig Minuten dauern – ein absoluter Rekord in der Vogelwelt. Die meisten Singvögel nehmen sich für den Paarungsakt nur wenige Zehntel-Sekunden Zeit. Warum dieser extreme Unterschied? Das Rohrsänger-Männchen verfolgt die Strategie, seinen Spermien einen zeitlichen Vorsprung zu verschaffen und damit die Chancen der Mitbewerber zu reduzieren, frei nach dem Leitsatz: Solange das Weibchen besetzt ist, hat kein anderes Männchen freien Zutritt. Das ist aber schon alles an männlicher Mitgift – mehr ist nicht drin. Nicht einmal eine Befruchtungsgarantie kann für das Gelege gewährt werden. Das Weibchen legt nämlich Tag um Tag ein Ei, bis zu sechs Stück. Möglicherweise wird schon das am Folgetag zu legende Ei von einem anderen Männchen befruchtet. So paaren sich bei dieser Vogelart Vielmännerei mit Vielweiberei. Auf diese überaus lockeren Verhältnisse reagieren die Männchen mit verstärkter Werbung in eigener Sache und balzen jedes erreichbare Weibchen an. So nimmt es nicht Wunder, dass der Anteil an Halbgeschwistern und Patchwork-Familien bei dieser Lebensart sehr hoch ist. Die Vogelkinder, die gemeinsam eine Kinderstube teilen und in einem Nest aufwachsen, haben demnach viele verschiedene Väter, meist sind zwei bis vier Väter an einer Brut beteiligt. In jenen selteneren Fällen mit nur einem beteiligten Vater waren die Nester mit weniger Eiern belegt. Offenbar stimulieren Begattungen durch mehrere Männchen die Legefreudigkeit der Weibchen. Wie auch immer: Das Weibchen hat die ganze Arbeit und vollauf zu tun. Es muss nicht nur tüchtig bauen, sondern auch allein brüten und die

Vogelkinder ganz ohne väterliche Hilfe mit Nahrung versorgen, beschützen und großziehen, kurzum, das Schicksal von Alleinerziehenden tragen. Ist es geschafft und der Nachwuchs gesund und munter ausgeflogen, zieht nicht etwa Langeweile ein. Für die sich anschließende zweite Brut muss ein neues Nest errichtet werden, da das alte bereits baufällig ist. Mit neuem weiblichen Elan geht es in die zweite Runde. Die Männer sind bei der Brutpflege ihres eigenen Nachwuchses ein glatter Ausfall.

Die freie Liebe der Rohrsänger zeigt, dass vor allem die Männchen sich dabei scheinbar frei fühlen können. Scheinbar, denn sind die nicht enden wollenden Kopulationen, um die Vaterschaft abzusichern, nicht der totale Stress? Wie auch immer: Die Männchen nehmen sich sogar die Freiheit, auf Federschmuck zu verzichten. Das reduziert den Aufwand und erspart den Hochzeitsausstatter. Sie tragen das gleiche Federkleid wie die Weibchen. Ja, selbst der männliche Gesang ist nicht gerade atemberaubend schön, eher schlicht und einfältig. Warum wohl müssen sich die Männchen der Seggenrohrsänger nicht einmal bei der Werbung groß anstrengen? Die Sache ist klar: Egal, ob ein Männchen toll singen kann oder eben nicht – für die Auswahl ist das zweitrangig. Was nützt einem alleinerziehenden Weibchen der betörende Gesang eines unnützen Männchens ohne Revier? Rein gar nichts. Wichtiger ist dem Weibchen ein reiches Angebot an Libellen und Heuschrecken, um die hungrigen Schnäbelchen der Vogelbrut zu stopfen. Bleibt die Frage, welche Vorteile die Weibchen aus diesem offenen Beziehungsmodell ziehen? Ist es die Tatsache, dass sie sich nicht unterordnen müssen und selbstbewusst durchs Leben flattern können? Sicher ist dieses Lebensmodell auch eine Anpassung an die sehr wechselhaften und dynamischen Umweltbedingungen von Flusslandschaften, die sich von heute auf morgen grundlegend ändern können, zum Beispiel durch ein Hochwasser. Da ist rasches Reagieren nötig, um nicht unterzugehen oder zu verhungern. Da heißt es: Schleunigst seine Siebensachen packen und rasch umziehen, dorthin, wo paradiesische Verhältnisse herrschen. Genauso halten es die Weibchen. Und die Männchen folgen ihnen. Feste Bindungen wären da nur hinderlich.

Die flotten Schnepfen

Wer ein flottes Dasein führt, scheint leicht und unbeschwert zu leben, ausgelassen und manchmal auch übermütig. Das sind die Sonnenseiten. Doch wo Sonne ist, da ist auch Schatten und die Grenzen können fließend sein: Aus leicht wird allzu leicht auch leichtsinnig und leichtlebig, liederlich, flüchtig und genusssüchtig. Leben und Gesundheit aufs Spiel zu setzen ist ganz sicher nicht klug. Bei aller Leichtigkeit ist auch Vorsicht geboten. Spezialisten in Sachen Leichtigkeit dürften sich vor allem unter Vögeln finden lassen. Was könnten wir uns von ihnen abschauen? Das Fliegen? Schön wär's! Wie man Beziehungen pflegt? Geschmackssache! Ausgesprochen flotte Flieger, ja, Überflieger, sind Schnepfenvögel. Mit ihren langen, spitzen Flügeln sind sie ausgewiesene Vielflieger und Fernreisende. So ist es kein Zufall, dass ein Schnepfenweibchen Inhaberin des Non-Stopp-Flugweltrekordes ist: Einem mit einem Sender ausgestatteten Pfuhlschnepfenweibchen gelang die unglaubliche Leistung, den Flug von Alaska nach Neuseeland über den gesamten Pazifik in neun Tagen ohne Zwischenlandung zu absolvieren. Das sind fast zwölftausend Kilometer ohne aufzutanken! Doch nicht nur im Ortswechsel, auch im Partnerwechsel sind Schnepfen rekordverdächtig. In puncto Bindungsstärke rangieren sie jedoch auf abgeschlagenen Plätzen.

Als ausgesprochen bindungsscheu erweisen sich die taubengroßen, herbstlaubfarbenen und fein gemusterten Waldschnepfen. Mit ihrem auffallend langen Schnabel stochern sie im Waldboden, um kleine Bodentierchen aufzustöbern. Lichte und feuchte Wälder sind ihr Revier. Es sind jene Schnepfen, denen die Jäger lange Zeit mit großer Leidenschaft nachstellten. Erst im allerletzten Moment fliegen diese Vögel auf, denn sie vertrauen auf ihre nahezu perfekte Tarnung. Eben in diesem Augenblick fällt gewöhnlich der Schuss. Und des Jägers Begehr? Vor allem die Innereien und der Darminhalt dieses Vogels, der sogenannte Schnepfendreck, galt vor zweihundert Jahren als erlesene Delikatesse. Die exzessive Jagd hat dazu beigetragen, dass die Waldschnepfe zu einem raren Vogel geworden ist.

Man muss die Abenddämmerung abwarten, um eine Waldschnepfe in voller Aktion zu erleben. Das Männchen kontrolliert auf Balzflügen in Wipfelhöhe sein Revier und dreht dabei immer wieder die gleichen Runden entlang von Lichtungen und Schneisen. Dieser Kurs wird als „Schnepfenstrich" bezeichnet. Durch seinen Schauflug, begleitet von tief quorrenden Rufen, gefolgt von einem hohen, kurzen „puits" gelingt es dem Männchen, bis zu vier Weibchen anzulocken, zu begatten und zum Brüten auf dem Waldboden einzuladen. Auch betreut der Schnepfenmann gelegentlich seine Jungen. Doch kann er keinesfalls allen seinen Vaterpflichten gerecht werden. Die Beziehungen sind überwiegend flüchtiger Natur und liegen an der Grenze zur Promiskuität.

Bunt durcheinander scheint es bei den Kampfläufern zuzugehen. Auch sie zählen zu den Schnepfenvögeln. Ihren Namen tragen diese kämpferisch veranlagten Vögel auf Grund des aggressiven Benehmens der Männchen bei der Partnerwahl völlig zu recht. Sie sind rebhuhngroß und bieten imposante und durchaus sehenswerte Scheinkämpfe. Dabei hat jeder altgediente Kämpfer seinen traditionellen Balzplatz. Wer noch kein Territorium besitzt, hat nur wenige Chancen bei den Weibchen. Wie bei kaum einer anderen Vogelart legen die Männchen allergrößten Wert auf einen exklusiven Federschmuck mit farbenfroher Ausstattung. Auf Lautäußerungen wird dagegen verzichtet, die Vögel verhalten sich nahezu stumm. Man kann eben nicht alles haben. Kampfläufer präsentieren sich vor allem optisch mit einer riesigen Fächerhaube auf dem Kopf und einer zusätzlichen, aufrichtbaren Halskrause, die im reinsten Weiß, im gestreiften Rostrot oder im tiefsten Schwarz erstrahlen kann. Zur Umrahmung spreizen sie den Schwanz und öffnen ihre Schwingen. Nach dem sehr variablen Prachtkleid zu urteilen sind Kampfläufer ausgesprochene Individualisten. Das eigene Erscheinungsbild ist besonders wichtig. Das Anderssein macht die Männchen in der Tat unverwechselbar. Aber nicht nur Äußerlichkeiten sind ausschlaggebend, auch eine gute körperliche Kondition ist für die Wahlentscheidung durch die Weibchen von Vorteil. Begleitet wird die Parade der Kampfhähne deshalb von halbmeterhohen Luftsprüngen sowie von gegenseitigen Schein-

angriffen der Konkurrenten mit dem Schnabel und den Beinen. Damit soll Stärke demonstriert und das Interesse der Weibchen geweckt werden. Diese finden sich am Morgen auf den Balzplätzen ein und schauen sich das Spektakel an. Sie laufen zwischen den Hähnen umher und begutachten deren Ausstattung und Können. Nach gründlichem Abwägen treffen sie schließlich ihre Wahl des schönsten und kräftigsten Männchens und lassen sich von ihm begatten. Es ist der auserwählte Hauptmann oder besser Haupthahn, der in der Regel eine ganze Schar von Kampfläufer-Weibchen befruchtet und sie im Anschluss entlässt, als wäre nichts gewesen. Dies hat zur Folge, dass sich das Männchen weitgehend aus allem, was nach der Begattung erfolgt, entschieden heraushält, als würde es jede Tatbeteiligung abstreiten. Es kann sich schließlich nicht in Stücke reißen und sich um alles kümmern, also überlässt es die Nachwuchsarbeit weitgehend den Vogelmüttern. Mit diesem wenig solidarischen Verhalten frönt der Kampfläufer der Vielweiberei. Doch die Weibchen sind auch nicht auf den Kopf gefallen. Sie nehmen sich nebenher noch dieses oder jenes unterlegene, meist jüngere Männchen für eine weitere Begattung und leben somit ihre Neigung zur Vielmännerei aus. Wenn man so will, haben sich die Weibchen ihr Verhalten von den Männchen abgeschaut. Warum auch nicht? Stellt sich schlussendlich die Frage, warum die Männchen überhaupt noch zum Kampf in der Arena antreten, wenn ohnehin alle machen, was sie wollen. Ist es nur noch Traditionspflege wie im Heimatverein?

Äußerst widersprüchliche Beziehungen in ihrem Geschlechtsleben praktizieren die gleichfalls zu den Schnepfenverwandten gehörenden, auch als Himmelsziegen bekannten Bekassinen. Es ist eine Mischung aus sehr ungezügelten und sehr geordneten Verhaltensweisen. Wie üblich kommen die Männchen zwei Wochen vor den Weibchen im Brutgebiet an. Moore und nasse Wiesen sind ihr Lebensraum. Dort vollführt das Männchen imposante Balzflüge in weiten Kreisen und Spiralen. Man sagt, der Vogel „himmelt". Dem Aufstieg folgt ein steiler Sturzflug, begleitet von einem anschwellenden Meckern – daher der Name Himmelsziege. Dieser durchdringende, wummernde Klang wird durch die Vibration der abgespreizten äußeren Schwanzfedern ausgelöst. Selbst akrobatische Purzelbäume in der Luft scheut das Männchen nicht. Dieser himmlischen Show können sich die Weibchen kaum entziehen, sie werden wie magisch angezogen. So, als hätten sie ewig keinen Mann mehr gesehen, was ja auch stimmen mag, kopulieren die Weibchen nach ihrer Ankunft ganz spontan mit mehreren Männchen. Nach dieser ungestümen Begrüßungszeremonie scheinen sie sich aber auf die gute Kinderstube zu besinnen und verpaaren sich mit einem festen Partner. Die Brut übernimmt in jedem Falle das Weibchen, das Männchen hält Wache in der Nestumgebung. Die schlüpfenden Jungen stammen nach dem wilden Treiben ganz sicherlich nicht nur vom wachhabenden Vater ab. Ob das Männchen den Braten riecht und die fremden Jungen im Nest erkennt, blieb dem menschlichen Erkenntnisdrang bisher verschlossen. Sicher ist aber, dass die Jungen zur weiteren Erziehung auf Mutter und Vater aufgeteilt werden. Auch so kann man Familienstreitigkeiten im Alltag aus dem Wege gehen. Damit der Abschied sich nicht zu lange hinzieht und rasch reiner Tisch gemacht wird, erfolgt der Abtransport der Küken auf dem Luftweg. Dabei werden die Jungen einfach mit dem Schnabel gegen die Brust gedrückt und ab geht die Post – wie gesagt auf getrennten Wegen.

Flexible Verhältnisse – Paarbeziehungen je nachdem…

Ein gutes Reaktionsvermögen kann das eigene Leben retten. Das gilt nicht nur in einer akuten Gefahrensituation. Auch in Beziehungsfragen kann eine schnelle Anpassung an sich verändernde Bedingungen recht hilfreich sein. Je flexibler die Männchen-Weibchen-Beziehungen praktiziert werden, umso nebensächlicher erscheint die Ehekonstruktion. Je lockerer die Bindung, umso leichter die Trennung.

Als eine Meisterin der Flexibilität in Paarbeziehungen ist die unscheinbare, aber in unseren Gärten öfter vorkommende Heckenbraunelle bekannt geworden. Der unauffällige Vogel huscht wie eine Maus über den Boden. Nur am Futterplatz im Winter nimmt er sich ein wenig mehr Zeit. Im Versteck aus dichtem Blättergewirr fällt der kleine braune Vogel am ehesten durch seine Gesänge auf, die an einen quietschenden Kinderwagen erinnern. Das Besondere an dieser Art ist, dass die Weibchen – ähnlich wie beim Kuckuck – eigene Reviere haben und diese entschlossen gegen andere Interessentinnen verteidigen. Die Männchen wollen den Weibchen allzu gern beistehen, und zwar nicht nur einem, sondern am liebsten gleich mehreren und streiten sich dabei untereinander um Vorrechte. Die Weibchen erkennen die Männchen an deren Stimme und das ist mitunter auch ganz nützlich zur Einschätzung der Lage.

Der Familienstand bei Heckenbraunellen richtet sich nach der Futtergrundlage im Revier. Ist genug Futter vorhanden und damit ein gewisser Wohlstand gegeben, trachten die Männchen nicht nur nach einem, sondern gleich nach zwei bis drei Weibchen. Dementsprechend bauen die Männchen gleich mehrere Nester, eine Art Vorratswirtschaft. Finden sich wunschgemäß mehrere Weibchen ein, zeigt der männliche Versorger, was er drauf hat. Anders als der Kuckucksmann trägt der Heckenbraunellenmann ganz entscheidend zur Versorgung der Familie bei. Der ganzen Sippschaft samt Nachwuchs trägt er Futter zu. Das geht aber nur solange gut, wie das Futter ausreicht. Doch paradiesische Verhältnisse, wo die „gebratenen Tauben" nur so in den Schnabel fliegen, sind rar. In kargen Zeiten und in ärmlichen Revieren kann es vorkommen, dass es das Männchen nicht einmal schafft, ein einziges Weibchen nebst Jungvögeln ausreichend zu versorgen. Dann muss auf Hilfe von außen gesetzt werden. Das Weibchen wirbt in seiner Not ein Zweitmännchen an. Das ist oft kein besonderes Problem, denn ungebundene und glücksuchende Junggesellen fliegen überall herum. Dieses Zweitmännchen, meist ist es ein unerfahrenes einjähriges Exemplar, muss ganz bestimmte Eigenschaften mitbringen. Es muss tüchtig und hilfsbereit, bescheiden und zurückhaltend sein, kurzum ein subdominantes Beta-Männchen. Gehorsame Unterordnung ist oberste

Pflicht. Die Vorherrschaft des dominanten Alpha-Männchens darf niemals in Frage gestellt werden. Der öffentliche Gesangsauftritt und die öffentliche Begattung müssen unstrittig das Privileg des Hauptmannes sein und bleiben. Dann und nur dann toleriert der eifersüchtige Erstmann den Zweitmann gewissermaßen als Knecht. Doch allein Knecht zu sein macht keinen großen Spaß, das fühlt nicht nur das Zweitmännchen, sondern auch das Weibchen. Um den Mann in der zweiten Reihe bei der Stange zu halten, belohnt das Weibchen gelegentlich die treuen Dienste des Hilfsmännchens auf eine liebevolle Weise. Das gelingt ohne Störung immer nur dann, wenn der Hauptmann einen größeren Ausflug zur Futtersuche machen muss und die Blätter schon so groß geworden sind, dass ein guter Sichtschutz besteht. Die Gunst des Momentes ohne Bewachung nutzt das Weibchen und lässt das beflissene Zweitmännchen gewähren. Die Neben-Begattung erfolgt allerdings nicht an herausragender Stelle, sondern eher unauffällig und gut getarnt, heimlich und blitzschnell im Gebüsch. Je dichter die Büsche, desto besser für diese Art von Liebesdiensten, denn umso schwieriger sind die Kontrollmöglichkeiten für den primären Gatten. Wenn der Hauptgatte schließlich von seinem Futterflug zurückkommt und ebenso Lust auf sein Weibchen verspürt, dann geht er auf Nummer sicher. Um auszuschließen, dass womöglich ein Aushilfsgatte seine Gemahlin befruchtet hat, setzt ein ausgefeiltes Ritual ein. Das Männchen verfolgt und umkreist sein Weibchen, das sich daraufhin abduckt, sein Gefieder sträubt und schüttelt. Schließlich hebt es mit Unschuldsmiene sowie hängenden und zitternden Flügeln seinen Schwanz und legt den Kloakenausgang frei. Dieser bei Vögeln vereinte Körperausgang für Verdauungs- und Geschlechtsorgane ist durch einen weißen Federkranz sehr auffällig markiert. Jetzt pickt das Männchen an die Kloakentür und löst ein Pulsieren aus. Das Weibchen sondert daraufhin ein winziges hell gefärbtes Tröpfchen ab. Das ist das Sperma der voran gegangenen Kopulation. Erst nach dieser gründlichen Stubenreinigung setzt sich das Haupt-Männchen auf sein Weibchen und besamt es mit garantiert eigenen Erbfaktoren. Genau das ist Sinn und Ziel vom Spiel: wenn immer möglich, die eigenen Gene weiterzugeben. Doch eine Garantieerklärung kann das dominante

Männchen nicht erwarten. Dieser Ritus ist alles andere als eine sichere Verhütungsmethode. So überrascht es nicht, wenn der Nachwuchs im Nest auch von zwei verschiedenen Vätern stammen kann. Die Liebesverhältnisse bei den Heckenbraunellen können aber sogar noch unübersichtlicher werden. Das ist der Fall, wenn sich die Reviere mehrerer Weibchen mit den Revieren mehrerer Männchen überlappen. Kurze Wege laden schon mal zu Nachbarschaftsbesuchen und zur Nebenbei-Begattung ein. In diesem Durcheinander verliert mancher Vogel die Übersicht und Kontrolle über das Geschehen. Wenn dann auch noch mehrere Weibchen gleichzeitig ihre fruchtbare Phase haben und mit dem Nisten beginnen, wissen die Männchen nicht mehr, wo sie zuerst Wache stehen sollen, um anderen Männchen den Zutritt zu den Weibchen zu verwehren. Es kommt wie es kommen muss: Es folgt die bedingungslose Kapitulation in Sachen Kopulation. Wenn es sich um jeweils zwei Weibchen und zwei Männchen auf der grünen Bühne handelt, kopulieren beide Männchen mit beiden Weibchen. Sind es noch mehrere sich überlappende Reviere, treiben es alle Männchen mit allen Weibchen. An dieser Stelle hört der Sinn auf, von Paarung – einer Sache zu Zweit – oder ehelichen, selbst von außerehelichen Verhältnissen zu sprechen. Im Grunde genommen tendieren die Vögel zu Solisten mit wechselnden One-Second-Stands. Die Brut selbst scheint dabei fast zur Nebensache zu verkommen, doch der Schein trügt. Trotz des Tohuwabohus kommen gesunde Vogelkinder zur Welt. Wenn Vielweiberei und Vielmännerei miteinander verknüpft werden, sprechen die Wissenschaftler von Polygynandrie, einer Wortverschmelzung aus Polygynie (Vielweiberei) und Polyandrie (Vielmännerei). Diese Beziehungsmodelle zeichnen sich stets durch eine ungewöhnlich hohe Flexibilität aus.
Äußerst flexibel geht es beim Ehe- und Familienleben auch unter den Wachteln zu, den kleinsten Hühnervögeln in Europa, die nur etwa starengroß werden. Als Hühnerverwandte fallen sie total aus der Rolle, da sie die einzigen Hühnervögel sind, die sich als Zugvögel, ja sogar als Langstreckenflieger hervortun und die es im Winter bis nach Afrika treibt. Nur während der Zugzeiten sind die Wachteln gesellig, ansonsten gelten sie als stramme Individualisten. Im

hohen Gras suchen sie Deckung. Ausgestattet mit farblich unauffälligem Gefieder bekommt man sie kaum zu Gesicht. Unverkennbar ist jedoch der Revierruf der Männchen, das „Pick-per-wick", das bis in den Sommer hinein selbst in den Nächten erschallt.

Wenn die Wachteln im Frühling in ihrer Bruteimat eintreffen, können sich Unausgewogenheiten zwischen den Geschlechtern herausstellen. Es kann Weibchen-Mangel, es kann aber auch Männchen-Mangel auftreten. Wie lösen die Wachteln das Problem? Es scheint in der Regel zu einer gerechten Aufteilung der Überschüsse zu kommen. Gibt es mehr Weibchen als Männchen, sind die Würfel zugunsten der Vielweiberei gefallen, denn die Männer haben ein großes Angebot. Wimmelt es umgekehrt vor lauter Männchen, tendieren die Weibchen zur Vielmännerei. Für den Fall, dass die Zahl der Männchen und der Weibchen aufgeht, böten sich zwar auch monogame, eindeutige Zweierbeziehungen an. Doch wird von dieser Möglichkeit eher selten Gebrauch gemacht. Nicht ungewöhnlich bei Wachteln ist die Promiskuität, also der häufigere Wechsel des Geschlechtspartners. Zu diesem Durcheinander passt die Tatsache, dass Wachteln keine streng abgegrenzten Territorien, sondern nur Rufplätze haben, die auch immer mal wechseln können. Unter Wachtelmännchen ist das Umherziehen weit verbreitet, man sagt, sie nomadisieren – immer auf der Suche nach einer guten Gelegenheit. Doch egal welche Beziehungsform gewählt wird und wer die Eier befruchtet hat: die hingebungsvolle Brut und Aufzucht der Jungvögel übernimmt in allen Fällen allein das Weibchen. Die unsteten Männchen scheinen für diese Aufgaben höchst ungeeignet, denn sie gelten als streitlustig und sehr eifersüchtig. Wen wundert es bei diesem Lebenswandel? Den meisten Zoff gibt es vermutlich im Falle der Vielmännerei, weil dann die Weibchen knapp sind. Tritt der umgekehrte Fall ein und fehlt es gerade an gegnerischen Kampfhähnen, kommt der Wachtelmann durchaus schon mal auf die törichte Idee, seine Aggressionen an der eigenen Partnerin abzureagieren. Wenn man trotz all dieser Verhaltensweisen bei den Wachteln überhaupt von Bindungen reden kann, dann gehören sie zu den flüchtigsten. Bereits vier Wochen nach dem Schlüpfen der Jungwachteln löst sich der Nachwuchs von der Mutter und jeder Vogel geht seiner Wege.

Unübersichtliche Verhältnisse ohne erkennbare Partnerbindung herrschen auch beim Wachtelkönig vor. Der Vogel ähnelt einer Wachtel, ist aber deutlich größer – daher der „König unter den Wachteln". Er zählt jedoch nicht zu den Hühnervögeln, sondern zu den Rallen. Zum Überleben braucht er nasse Wiesen, die er nur noch selten in mancher Flussniederung finden kann. Der Wachtelkönig ist deshalb eine hochbedrohte Art. Die Winterzeit verbringt er im Dschungel des Kongobeckens in Zentralafrika oder in den Savannen Ostafrikas. Als Langstreckenzieher meldet er sich bei uns erst im Mai zurück, allerdings jedes Mal woanders. Seine Wanderfreude scheint grenzenlos. Und auch sonst spielt der Wechsel in seinem Leben eine große Rolle. Kaum jemals bekommt man den tarnfarbenen Gesellen zu sehen. Wie die Wachtel, so ist auch der Wachtelkönig ein heimlicher Kandidat. Aber wenn das Männchen aus der hohen Vegetation ruft, ist es nicht zu überhören. Seinen zweisilbigen, hölzern-schnarrenden Ruf „räpp-räpp" trägt es in langen Rufreihen im Sekundentakt vor. Stets und ständig ist er ein ungeselliger Geselle. Der Wachtelkönig reagiert daher sehr ungehalten, wenn ein zweites rufendes Männchen zu vernehmen ist. Schon mit dem Abspielen einer Klangattrappe lässt sich der Wachtelkönig provozieren. Was hält nun so ein strikter Außenseiter von einer Ehe? Rein gar nichts! Mehr als eine flüchtige Begattung einer Wachtelkönigin lässt so ein König an Nähe und Dauer nicht zu. Danach wandert er umgehend ab, zu weiteren Begattungen mit immer neuen Königinnen. Man könnte dieses Verhalten als sukzessive Begattung umschreiben. Von Polygamie oder Vielehe zu sprechen, wäre bei diesen kurzen Kontaktzeiten schon maßlos übertrieben. Doch bisher hörten wir nur die halbe Story von der Königsfamilie, die keine Familie ist. Obwohl die Weibchen nach der königlichen Begattung nun schon auf den Eiern sitzen bleiben und die Fütterung und Führung der Jungen allein händeln müssen, haben sie die Nase immer noch nicht voll von den royalen Herrschaften. Die Königinnen wollen den Königen um keinen Deut nachstehen und setzen deshalb ebenfalls auf sukzessive Begattungsakte. Freies Partnerwahlrecht für alle, so mag ihr Motto lauten. Beide Geschlechter, Männchen wie Weibchen, verpaaren sich also mehrfach in der Saison mit wechselnden Partnern – aber immerhin mit fruchtbaren Resultaten. Ob die Königskinder aus diesen Kurzzeitverbindungen als unehelich eingestuft werden müssten, haben offensichtlich weder Behörden noch Richter bislang verhandelt.

Die Seitensprünge der Meisen

Nach all dem wilden Beziehungsdurcheinander wollen wir zur geordneten monogamen Männchen-Weibchen-Beziehung zurückkehren. Zu eindeutigen Verhältnissen also? Es dürfte uns nicht allzu sehr überraschen: Zweierbeziehungen sind nicht ohne Anfechtungen. Die Verlockungen, außerhalb des ehelichen Bundes tätig zu werden, sind auch der Vogelwelt nicht fremd. Durch die neuen und zuverlässigen Methoden für den Nachweis von Elternschaften mit Hilfe von genetischen Fingerabdrücken wissen wir mittlerweile sehr viel mehr von dem, was zwischen den Vögeln abläuft. Und das ist allerhand! Bei der überwältigenden Mehrheit der als monogam eingestuften Singvogelarten kommt es regelmäßig zu Seitensprüngen.

Noch bis Mitte des 20. Jahrhunderts war die Auffassung verbreitet, dass neunzig Prozent aller Vogelarten in einer festen und völlig eindeutigen, also in einer monogamen, vor allem treuen Paarbeziehung leben. Zu einem Männchen gehörte sein angetrautes Weibchen, ein Zweierpack. Zwar wurden gelegentlich Fremdbegattungen, so genannte Seitensprünge, außerhalb dieses Paarbundes beobachtet, sie wurden jedoch als krankhaft und abnorm eingestuft. Inzwischen wurden die Ansichten relativiert. Von Abnormitäten spricht in diesem Zusammenhang niemand mehr. Nun heißt es: Neunzig Prozent der Vogelarten leben vorrangig oder tendenziell monogam. Das lässt viel Spielraum offen für alle möglichen Partnerschaftsmodelle mit fließenden Übergängen, Spielraum nach allen Seiten, der auch weidlich genutzt wird.

Schauen wir unsere süßen Meisen einmal näher an, zum Beispiel die kleinen Tannenmeisen. Sie fallen vor allem durch ihren weißen Nackenfleck und die „wize-wize-wize"-Gesänge von den Baumspitzen in Nadelwäldern und Friedhöfen auf. Ein Tannenmeisen-Casanova schaffte es innerhalb eines Jahres 29 junge Tannenmeisen außerhalb seines regulären Paarbundes, also zusätzlich, zu zeugen. Das entspricht einer Vervielfachung seines Fortpflanzungserfolges bei angenommen streng monogamer Paarbindung. Mit seinem regulären Weibchen hat das Männchen lediglich acht Jungvögeln das Leben schenken können.

Durch die gewonnenen Einblicke in das Intimleben der Vögel müssen so manche Ansichten revidiert werden. Noch Ende des 20. Jahrhunderts lautete die gängige Auffassung, Tannenmeisen seien streng monogam und die Paare hielten ein Leben lang zusammen. Doch durch die Erkenntnisse der neueren Forschung rückten diese eher zurückgezogen lebenden Meisen jedoch in die Top-10-Liste der eifrigsten Seitenspringer auf. Das Ergebnis: Über siebzig Prozent ihrer Kopulationen sind Fremdgänge. Das ist eine stolze wie auch eine absolute Mehrheit. Die logische Folge: Ein Großteil der jungen Tannenmeisen stammt nicht vom fütternden Vater ab. Bei den Zweitbruten im Sommer steigt der Anteil der Jungmeisen, die von fremden Vätern gezeugt wurden, sogar noch. Offenbar nimmt im Laufe der Saison die sexuelle Großzügigkeit zu – oder eben die Nachlässigkeit.

Auch die uns sehr vertrauten Kohlmeisen wurden unter die Lupe der Kopulationsforscher genommen. Wenn das Weibchen in seiner Höhle sitzt, lockt das Männchen draußen mit variablen Gesängen. Vor allem tiefe Tonlagen bringen manche Weibchen um ihren Verstand, zeugen diese Klänge doch von einem strammen und resoluten Männchen direkt vor der Haustür. So kann es schon passieren, dass ein Nachbarweibchen sein Gelege für kurze Zeit verlässt, um sich und das Männchen zu beglücken. Doch nicht immer wird das Männchen erhört. An Orten mit viel Lärm geht der tiefe, sonore Gesang des Männchens unter. Will der Meisenmann trotzdem mit seinen Wünschen wahrgenommen werden, steigt er notgedrungen auf Sopran um und gibt höhere Töne von sich. Das kommt nicht wirklich gut an. Die hohe Tonlage klingt in weiblichen Ohren eunuchenhaft und unmännlich, so dass an den männlichen Qualitäten zu zweifeln ist. Unter diesen Umständen lässt sich das angetraute Weibchen lieber einmal öfter auf andere Männchen ein, immer auf der Pirsch nach den besten Erbfaktoren. Lärm fördert demzufolge die Bereitschaft zur Fremdverpaarung. Dieses Beispiel zeigt aber auch, dass Weibchen für Seitensprünge prinzipiell offen sind, wenn dabei als Lohn vorteilhafte Gene herausspringen.

Inzwischen wurde bei weit über einhundertfünfzig Vogelarten das Intimleben durch den menschlichen Forschergeist ausspioniert. Aus den gewonnenen Erkenntnissen ergeben sich immer neue Fragen. So wurde beispielsweise geprüft, ob die Seitensprünge der Männchen altersabhängig sind. Und in der Tat sind ältere Männchen in dieser Disziplin deutlich erfolgreicher als Grünschnäbel. Doch um diese These beweisen zu können, mussten die leiblichen Väter von „Kuckuckskindern" erst einmal ausfindig gemacht werden. In den allermeisten Fällen wurde die Fahndung mit Erfolg abgeschlossen. Durch jahrelange Beringung von Tannenmeisen in einem Untersuchungsgebiet – so hatte jede Meise ihren „Personalausweis" – konnte bei den ermittelten wahren Vätern auch das Alter festgestellt werden. Darunter fanden sich nur äußerst selten Männchen im ersten Brutjahr. In späteren Lebensjahren kamen die Männchen erwiesenermaßen umso öfter zum Zuge. Die möglichen Erklärungen für die mit dem Alter zunehmende Attraktivität der Männchen reichen vom reiferen Gesang über einen intensiver gefärbten Federschmuck bis hin zu mehr Erfahrung, mehr Fitness und einem höheren sozialen Status. Wer lange überlebt hat, sollte auch eine besondere Lebenstüchtigkeit und gute Erbfaktoren aufweisen. Es gibt also viele gute Gründe, die, zumindest bei den Meisenweibchen, zur Bevorzugung reiferer, befruchtender Männchen führen.

Neuere Untersuchungen bieten eine weitere, plausible Erklärung für die Ursachen der Seitensprünge. Ein Forscherteam stellte fest, dass sexuelle Treue bei monogamen Vögeln lediglich ein Schönwetter-Phänomen ist. Wurden die Vögel großen Temperaturschwankungen ausgesetzt, stieg die Zahl der Seitensprünge stark an. Die Erklärung: Wenn die Weibchen öfter ihren Sexualpartner wechseln, bekommen sie Nachwuchs von verschiedenen Vätern. Dadurch ist die genetische Vielfalt der Nachkommen größer, die Chancen steigen damit, dass einer von ihnen passende Gene besitzt und überleben kann. Es wird deshalb angenommen, dass der globale Klimawandel dazu führen wird, dass sich Weibchen verstärkt auf sexuelle Abenteuer einlassen, da die unvorhersehbaren Wetterextreme zunehmen werden. Last but not least werden die Motive der Untreue auch in den Genen vermutet. So wurde festgestellt, dass der Nachwuchs eines Charmeurs und Frauenhelden generell einen stärkeren Hang zu außerehelichen Beziehungen entfaltet, gleichgültig ob Sohn oder Tochter.

Bei einer derartig hohen Beliebtheit von Seitensprüngen stellt sich die grundsätzliche Frage nach dem Nutzen dieser sprunghaften Handlungen. Wer zieht den Hauptgewinn? Für Männchen lohnt sich die steuerfreie Nebenbeschäftigung, eine Art von Schwarzarbeit, im hohen Maße. Es kann mehr Nachkommen zeugen, ohne wesentlich mehr Aufwand betreiben zu müssen, kurzum: Mehr Lohn bei gleicher Arbeit.

Und für Weibchen? Welcher Nutzen sprudelt aus ihren Seitensprüngen? Mehr Eier im eigenen Nest kommen dadurch nicht zustande. Möglicherweise könnten aber die Weibchen durch Liebesdienste Zugang zu Nahrungsquellen erhalten, die ihnen sonst versperrt wären. Neben der besseren Versorgung bieten weibliche Seitensprünge aber noch weitere Zusatzversicherungen. Vor allem Kleinvögel mit geringer Lebenserwartung sind zum Erfolg verdammt. Eine Liaison mit einem unfruchtbaren Männchen wäre fatal, weil sie kinderlos bliebe. Seitensprünge können helfen, sich gegen einen Totalausfall beim Nachwuchs abzusichern. Aber selbst ein fruchtbares Männchen muss nicht der Traumprinz sein, denn manchmal bleiben nur zweit- oder drittklassige Männchen bei der Partnerwahl übrig. Dann ist es dem Weibchen nur recht und billig, sich mit den Genen eines erstklassigen Männchens zu bereichern. So wird der Nachwuchs vielfältig und lebenstüchtig ausgerüstet. Nimm Dir also ein tüchtiges, hart arbeitendes Männchen und gönne Dir ab und zu eine Affäre mit einem Lebemann – so könnte die Maxime mancher Weibchen lauten.

Neben dem Nutzen, den die Vögel im Allgemeinen aus den Seitensprüngen ziehen, sollte auch die Frage nach den Kosten gestellt werden. Diese in der Volkswirtschaft als Kosten-Nutzen-Analyse bezeichnete Methode führen auf ihre ganz eigene Weise wohl auch Vögel durch. Gewährt ein Meisenweibchen einem Fremdmännchen den Zutritt und gehen daraus Jungvögel hervor, so zieht das „betrogene" Meisenmännchen aus diesem Vorkommnis mitunter Konsequenzen. Durch Experimente wurde nachgewiesen, dass ein hintergangenes Männchen seine Bereitschaft zur Verteidigung des gemeinsamen Nestes und zum Füttern der nicht mehr nur gemeinsamen Jungen reduziert. Das Männchen richtet in der Tat sein Engagement für den Nachwuchs an der Anzahl der eigenen Kinder im Nest aus. Je mehr fremde Jungvögel im Nest herumlungern, umso mehr schwindet die Lust des Männchens, etwas für den Nachwuchs zu tun. In besonders ernsten Fällen kann das hintergangene Männchen sein Weibchen auch verlassen. Die Kosten des Fremdgehens hat also das Weibchen selbst zu tragen, indem es mehr zu schaffen hat und manche Vaterpflichten zusätzlich übernehmen muss. Wie aber das Meisenmännchen in Erfahrung bringt, ob und in welchen Umfang es „betrogen" wurde und wie viele Fremdjunge im Nest hocken, ist bisher sein wohlgehütetes Geheimnis.

Auch bei anderen Vögeln wurde nachgewiesen, dass Seitensprünge keineswegs umsonst zu haben sind. Sie haben durchaus ihren Preis, mitunter auch für das Männchen. Bestätigt hat sich diese Erkenntnis bei Raubwürgern, die trotz ihres abschreckenden Namens für den Menschen völlig ungefährlich sind. Es handelt sich um einen amselgroßen, überwiegend weißen Singvogel mit einem kleinen Hakenschnabel. In der normalen Raubwürgerehe geht der Begattung eine Beuteübergabe vom Männchen an sein Weibchen voraus. Das kann eine Maus sein, ein Sperlingsvogel, ein Käfer oder eine Heuschrecke. Mit diesem Präsent wird der Grundstein für eine erfolgreiche Eierproduktion gelegt. Doch nicht nur in der regulären Beziehung, sondern auch bei Seitensprüngen gilt diese Geschäftsgrundlage: Ohne Schenkung keine Begattung. Das Zweitweibchen kennt jedoch seinen Wert und gibt sich nicht mit kleinen Mistkäferchen zufrieden. In der Tat bekommen diese Weibchen vom Raubwürgermännchen die größeren und gehaltvolleren Beutestücke zugeteilt, wie fleißige Beobachter festgestellt haben.

Vaterschaftstests –
die Offenbarung heimlicher Beziehungen

Wird ein Kind geboren, drängt sich im menschlichen Dasein mitunter die Frage nach dem Vater auf. Wer ist der rechtmäßige, der wahre Vater? Die Antworten können richtig oder auch falsch ausfallen. Manchmal gibt es gar keine Antwort. Zur zweifelsfreien Aufklärung haben Wissenschaftler Vaterschaftstests entwickelt, von denen zunehmend Gebrauch gemacht wird. Sechs Prozent der deutschen Väter lässt diese Frage keine Ruhe. Sie wollen es genau wissen und veranlassen den heimlichen Vaterschaftstest, indem sie ein Haar ihres Sprösslings genetisch untersuchen lassen. Letztlich sind es vier Prozent aller Kinder in Europa und den USA, die nachweislich Kuckuckskinder sind und von fremden Vätern abstammen.

Zweifelnde Vogelväter haben bisher keine Möglichkeit, die Abstammung ihrer Kinder rechtssicher prüfen zu lassen. Dennoch ist die Frage nach der Vaterschaft bei Vögeln von wachsendem Interesse. Weniger für die Vogelfamilien selbst, vielmehr aber für neugierige menschliche Forscher, die alles ganz genau wissen wollen. Die Vaterschaftsanalysen haben uns völlig neue Einblicke in das Intimleben der Vögel ermöglicht.

Man hätte es ahnen können: Der Empfang von Sperma durch das Weibchen ist noch keine Garantie, dass das Spendermännchen auch der wahre Vater aller im Nest versammelten Küken ist. Die winzigen Spermien haben einen langen Weg zurückzulegen, um das Ei zu befruchten. Die Kletterei der Winzlinge durch den Eileiter kann Stunden bis Wochen dauern. Da die Eier der Weibchen nach und nach reifen, stehen die Spermien im Eileiter in einer Warteschlange.

Um die eigene Vaterschaft abzusichern, versuchen die Männchen zu verhindern, dass in der fruchtbaren Zeit vor und während des Eierlegens ein Rivale in die Nähe des Weibchens gelangt. Verhütung auf Vogelart. Doch welche Verhütungsmethode ist schon sicher? Wohl jedem dürfte klar sein, dass außerehelicher Verkehr bei Vögeln selbst mit einem hohen Aufwand bei der Observation nur höchst unvollkommen registriert werden kann. Oft finden die Kopulationen außerhalb des Paarbundes im Verborgenen statt und manchmal weit entfernt vom heimischen Brutplatz. Doch nun können dank genetischer Spurensicherung die Vögel im Nachhinein ertappt und überführt werden. Der Seitensprung wird zwar nicht in flagranti erfasst, wohl aber dessen Konsequenzen: Häufig fremde Junge im Nest heißt es in der Folge bei Meisen, Schwalben, Sperlingen und anderen vermeintlich monogam lebenden Vogeleltern. Diese Fakten können als gerichtsfest angesehen werden, wenn es denn Klagen auf Alimente gäbe.

Der Tatbestand, dass Kinder in ein und demselben Nest oft verschiedene Väter haben, hat notgedrungen nach neuen Erklärungsmodellen für die monogame Ehe verlangt. Denn wo monogam draufsteht, ist monogam nicht drin. Was also tun? Eine neue Definition musste her. Sie lautet: Die Monogamie der meisten Vögel ist in der Regel keine sexuelle Monogamie. Sie ist eine soziale Monogamie. Man lebt zwar als Vogelpaar zusammen und erledigt gemeinsam die Pflichten des Alltages, aber darüber hinaus gibt es Beziehungen in verschiedenste Richtungen und Tiefen.

Das Spektrum der außerehelichen Beziehungen ist äußerst vielfältig: Es reicht von guten Nachbarschaftsbeziehungen über Flirts bis hin zu gelegentlichen oder regelmäßigen Seitensprüngen. So wacht das gelb leuchtende Girlitz-Männchen eifersüchtig darüber, dass sein angetrautes Weibchen nicht von fremden Männchen Besuch bekommt. Auch lassen sich Girlitz-Weibchen kaum verführen, wenn die Entscheidung einmal gefallen ist. Sie wehren jede fremde Annäherung und erst recht jeden außerehelichen Begattungsversuch entschieden ab. Andererseits halten die Männchen, wenn sie nicht gerade selbst auf den Eiern sitzen, ihrerseits stets die Augen nach einschlägigen Gelegenheiten offen – und das, obwohl sie kaum eine Chance haben, bei einem anderen Weibchen mal schnell zwischenzulanden. Warum versuchen es die Männchen immer wieder? Vielleicht um in Übung zu bleiben und sich für den Fall der Fälle gut zu rüsten? Es kann ja vorkommen, dass er sein Weibchen verliert, und dann ist es vorteilhaft, mit guten Kontakten vorgesorgt zu haben, um nicht ins Bodenlose zu stürzen. Das „Warmhalten" von möglichen Partnern dürfte ein Grund für manches Techtelmechtel sein. Wirklich ernsthafte Nebenbeziehungen gibt es beim Girlitz keine, und so kommen Fremdvaterschaften praktisch kaum vor.

Aus ganz anderem Holz sind die Drosselrohrsänger geschnitzt. Deren Weibchen wurden bereits mehrfach beim Fremdgehen im Schilfwald ertappt. Ob es die Neugier ist, die sie zu ihrem Reviernachbarn treibt? Auch lassen die Männchen nichts unversucht, um weitere Weibchen in ihr Revier zu locken, vorausgesetzt, es ist ein optimaler Lebensraum und genug Futter vorhanden. Da die Männchen selbst nicht bereit sind, auf den Eiern zu sitzen und zu brüten, haben sie durchaus freie Termine. Manchmal kann sich aus solchen gelegentlichen Seitensprüngen mit einem angelockten Weibchen auch eine Zweitbeziehung ergeben, zum Beispiel eine sukzessive Bigamie. Jeder zehnte Drosselrohrsänger ist dafür anfällig, die sexuelle Monogamie zu erweitern, so vermelden die Biostatistiker nach den durchgeführten Vaterschaftsanalysen. Da kann sich ein Erstweibchen schon mal verlassen vorkommen und sich danach umschauen, was sonst noch durchs Schilf flattert. Worauf das Weibchen sich aber verlassen kann, ist die Tatsache, dass ihr Hauptmann wieder zur Stelle ist, wenn's ans Füttern geht. Die Versorgung der Erstbrut steht für den Vater unstrittig an oberster Stelle. Erst wenn diese Jungen aus erster Ehe ausgeflogen sind, stellt er sich bei der Zweitbrut mit Futter ein. Der Bruterfolg des Zweitweibchens ist demnach erwartungsgemäß geringer als der vom Erstweibchen. Vier flügge Jungvögel beim Erstweibchen stehen durchschnittlich nur zwei flüggen Jungvögeln beim Sekundärweibchen gegenüber. Dennoch: Die Entscheidung des Zweitweibchens, sich auf einen schon verheirateten, aber erstklassigen Mann einzulassen, erweist sich allemal besser als ein Ja-Wort für ein lediges Männchen mit einem schlechten Revier und miesen Erfolgsaussichten.

Überraschend waren die Prüfungsergebnisse zum Treueverhalten der kopfüber kletternden Kleiber. Als Standvögel leben Männchen und Weibchen ständig in ihrem Revier, sie scheinen ein Herz und eine Seele zu sein, ihre Beziehungen sind stabil und oft von Dauer. Das Männchen begleitet sein Weibchen sogar wie ein Gentleman bis zu ihrer Schlafhöhle. Die fruchtbare Zeit vor der Eiablage verbringt die Kleiberfrau schon im geschützten Raum, nämlich in der Bruthöhle. Alles in allem gesicherte, wenn man so will, gutbürgerliche Verhältnisse. Bei derartigen Biografien sollten sich Vaterschaftstests bei den Nestlingen erübrigen. Doch die Resultate der Seitensprungforscher zeigen, dass zehn Prozent der Nestinsassen bei Kleibern einen anderen leiblichen Vater haben müssen. Wie ist das zu erklären? Die Antwort wurde durch einen genetischen Vergleich mit den Vätern der Nachbarschaft gefunden. Und in der Tat, die lieben Herren Nachbarn waren am Zustandekommen des Nachwuchses beteiligt. Es muss wohl immer einmal oder auch öfter zu unbemerkten zwischennachbarlichen Begegnungen gekommen sein. Was lehrt uns diese Erkenntnis? Wohlgeordnete und stabile Partnerbeziehungen müssen außereheliche Aktivitäten keineswegs ausschließen.

Die treuesten Vögel – Eulen und Adler

Auch wenn die Fälle bekanntgewordener Untreue in der Vogelwelt mit wachsendem Forschungsdrang der Vogelkundler immer mehr zunehmen, ist es unstrittig: Es gibt sie noch, die wahre Treue. Sie hat ihre volle Berechtigung, in der Vogelwelt wie in der Menschenwelt. Aus menschlicher Sicht vermittelt Treue das Gefühl von Geborgenheit und nimmt die Angst, vom Partner verlassen zu werden. Den Vögeln verschafft Partnertreue vor allem eines: Investitionssicherheit. Vor allem für Weibchen ist das Treueverhalten beider Partner biologisch von Vorteil. Während Männchen eine schier unendliche Menge von Samenzellen mit wenig Aufwand produzieren und verteilen können, haben Weibchen nur eine begrenzte Anzahl von Eizellen zur Verfügung. Legereife Eier sind ein knappes Gut und entsprechend wertvoll. Sie erfordern in ihrer Herstellung viel höhere Investitionen als die winzigen Samenzellen, die nur als billige Massenware eingestuft werden können. In der Werteskala stehen also die Eier der Weibchen ganz oben, während sich die männlichen Samenzellen irgendwo ganz unten herumtummeln. Für den sorgsamen Umgang mit dem kostbaren Gut „Vogelei" und für die effiziente Verbreitung der eigenen Erbmasse sind für Weibchen feste, verlässliche Partner von größtem Nutzen. Wenn sich beide Partner intensiv um den Nachwuchs kümmern, steigt die Erfolgsrate pro Nest, gemessen an der Zahl der ausgeflogenen Jungvögel. Doch das ist nur die weibliche Bilanz. Aus der Position der Vogelmännchen könnte die Rechnung anders ausfallen. Für sie ist mitunter die Untreue aussichtsreicher und erfolgversprechender. Untreue Männchen können sehr viel mehr Nachwuchs in die Welt setzen und damit ihre Gene viel weiter streuen als ihre treuen Kameraden. Somit steht das Treueprinzip der Weibchen mit dem Untreueprinzip der Männchen hin und wieder in Konkurrenz. Mal setzt sich stärker die Treue, mal die Untreue im Wettbewerb der Geschlechter durch.

So ist es verständlich, dass Weibchen besonderen Wert auf Sicherheit legen. Im Umgang mit ihren begrenzten Eizellen ist Sorgfalt geboten. Nicht nur weil sie knapp, sondern auch weil sie so verletzbar sind, sind die Eier besonders kostbar. Und Kostbarkeiten sollten gut behütet werden. Dafür sind starke und zuverlässige männliche Beschützer dienlich. Wenn der werdende Vater der Mutter von Anfang an fest zur Seite steht, läuft es meistens besser. Deshalb kümmern sich in der Vogelwelt – im Unterschied zu den Säugetieren – meistens beide Partner, Männchen wie Weibchen, um den Nachwuchs. Bei neunzig Prozent der Vogelarten halten die Paare zusammen, zumindest bis die Jungen flügge sind und sich selbständig durch das Vogelleben schlagen können. Das paarweise Agieren erscheint bei den Vögeln besonders sinnvoll. Schließlich sind hohe Aufwendungen, nicht nur in die Eierproduktion, sondern auch in Nestbau, Verteidigung, Brüten und Jungenaufzucht zu tätigen. Bei dieser Aufgabenfülle sind die Vorteile eines gemeinsamen, partnerschaftlichen Handelns und des füreinander Daseins einleuchtend. Wenn das Verlassen der Gattin oder des Gatten für niemanden einen Gewinn erwarten lässt, ist das treue Festhalten am Partner die beste aller Lösungen. Diese Regel gilt und wird trotz vieler Ausnahmen von den geflügelten Paaren eingehalten, ganz ohne Standesamt, Notar und Ehevertrag.

Als Musterknaben in Sachen ehelicher Treue gelten die meisten Eulen. Eulen sind generell keine Zugvögel. Sie bleiben das ganze Jahr über ihrem Wohnort treu. Diese Tatsache erleichtert den Vögeln das paarweise Zusammenbleiben und die Bildung einer dauerhaften Beziehung, denn wer nicht verreist und nichts anderes sieht, bleibt bei dem, was er hat. Oder anders gesagt: Wer standhaft bleibt, bleibt bei seinem Partner. So hausen unsere Eulen lebenslang zweisam in ihren alteingesessenen Höhlen und Revieren bis an ihr Daseinsende.

Beim Steinkauz, einer kleinen Eule mit großen, gelben Augen, ist die Sache glasklar geregelt. Beide Partner verbringen ihr gesamtes Leben in einer dauerhaften Zweierbeziehung. Mann und Weib scheinen sich voll zu vertrauen, die Partner werden nicht einmal überwacht. Stattdessen wird häufig kopuliert, und zwar immer mit dem gleichen Partner. Junge Käuze von fremden Vätern, gezeugt in der Dunkelheit der Nacht? Absolute Fehlanzeige. Damit steht dem Steinkauz ein Treuebonus zu. Nicht nur dem Partner, sondern auch dem Brutplatz wird Treue geschworen. Am liebsten beziehen sie ihr Quartier auf Obstwiesen in den Höhlen alter, knorriger und hochstämmiger Apfelbäume. Da es aber diese bunt gemischten, halboffenen Lebensräume nur noch selten gibt, hat sich der Steinkauz rar gemacht und ist nur noch selten zu bewundern. In den Gemäuern des alten Athen muss es diese Käuze, deren wissenschaftlicher Name Athene noctua lautet, was wörtlich übersetzt „nächtliche Athene" bedeutet, in rauen Mengen gegeben haben. Deshalb bezeichnet das sprichwörtliche „Herbeitragen von Eulen nach Athen" etwas gänzlich Überflüssiges.

Das Käuzchenpaar hat die Arbeit streng aufgeteilt. Während das Weibchen vier Wochen lang die weißen und fast kugelrunden Eier bebrütet, geht das Männchen auf Jagd. Vor allem in der Dämmerung fängt das Kauzmännchen Mäuse und Regenwürmer und versorgt sein Weibchen mit leckerem Frischfleisch. So ist es auch um die jungen Käuze gut bestellt, die Versorgung gesichert und der Alltag geregelt. Warum allerdings die Käuze bei allem Liebes- und Eheglück dennoch einen permanent mürrischen Gesichtsausdruck auflegen, muss der Spekulation überlassen werden.

Die Art des Festhaltens am Partner, das Treubleiben, bietet naturgemäß Spielräume. Eine Treue „an langer Leine" führen uns die wunderschönen Schleiereulen vor. Die Partnersuche beginnt bei diesen Eulen ab Februar. Weich und lautlos gleiten die hellen Vögel durch die Finsternis und erwecken manchmal den Eindruck des Geisterns. Das Männchen gibt grausige kreischende, schnarchende, röchelnde und stöhnende Laute von sich. Das können ganz schauerliche Rufe sein, die einen Menschen erschrecken können. Ganz anders reagiert das Eulenweibchen auf diese unheimlichen Lautäußerungen. Es ist überaus entzückt, schließlich wird die weibliche Paarungsbereitschaft geweckt. Das Weibchen erwidert die Rufe, allerdings zurückhaltender und gedämpfter. Vor der eigentlichen Paarung zeigt das Männchen seiner Angebeteten den Brutplatz, oft in einem Kirchturm oder in einem dunklen Winkel einer alten, großen Scheune versteckt. Um das Eulenweibchen endgültig von seinen Qualitäten zu überzeugen, überreicht das werbende Männchen eine Art Hochzeitsschmaus – eine frischtote Maus. Eulenmännchen ahnen es wohl: Auch Eulenfrauen sind bestechlich. Haben sich die zwei für gut befunden, verpaaren sie sich für ein ganzes Leben. Es folgt das Übliche: Eier legen, Brüten und Betteln der Jungvögel. Diese stehen wie Orgelpfeifen in einer Reihe und warten darauf, gefüttert zu werden. Vor allem Feldmäuse werden vom Männchen angeschleppt und das Weibchen füttert die Jungen. Die Euleneltern meistern diese Aufgaben mit Bravour. Doch dann ist Schluss mit Nähe. Auch die schönste Zweisamkeit muss nicht übertrieben werden. Außerhalb der Brutzeit sind Schleiereulen lieber für sich allein. Sie leben in einem festen Revier, wo man sie das ganze Jahr über immer wieder beobachten kann. Dieses Revier teilen sich die Partner auf und können sich somit gut aus dem Wege gehen – Geschlechtertrennung auf Zeit. Der Treue tut dies keinen Abbruch, es herrscht ohnehin sexueller Ruhestand – bis zum nächsten Frühling. Dann keimt die alte Liebe neu.

Für die geschilderte sagenhafte Treue der Eulenmännchen gibt es einen entscheidenden Grund. Er liegt in der Art des Eulenfutters. Es sind flinke Tiere, die es zu erbeuten gilt. Vor allem Mäuse und Kleinvögel sind die Frischfleisch-Lieferanten für die Eulenfamilie. Mäuse und Vögel lassen sich aber nicht so einfach einsammeln wie Blattläuse und Mistkäfer. Deshalb ist der Eulenmann vollauf mit dem Auffinden und Fangen von Beutetieren beschäftigt. Für eine Zweitbeziehung würde die wichtigste Grundlage fehlen – das Futter. Es reicht eben gerade für eine Familie aus. Bigamie hat bei Eulen – wie übrigens auch bei Greifvögeln mit ähnlichen Nahrungsgewohnheiten – kaum Aussicht auf Erfolg – selbst wenn es die Männchen gerne so hätten.

Zu den Vorreitern – oder besser Vorfliegern – der ehelichen Treue gehören zweifellos auch die Greifvögel, darunter die echten Adler. Die größten Adler Europas sind die Seeadler. Ihrer Ausrottung gerade so entkommen, kann man sie heute vor allem in Ostdeutschland an großen Flüssen und Seen bewundern. Auf alten Kiefern oder Buchen errichten sie gleich mehrere, gut versteckte Residenzen, die sie abwechselnd bewohnen. Weil sie die Horste immer wieder ausbessern und erneuern, können sie bis zu zwei Meter breit und fünf Meter hoch werden.

Seeadler werden erst mit fünf Jahren geschlechtsreif. Als Zeichen des Erwachsenseins tragen sie klar erkennbare weiße Schwanzfedern und einen mächtigen, gelb leuchtenden Hakenschnabel. Zur Balzzeit kreisen sie mit ihrem Partner in der Luft, mal nebeneinander, mal übereinander, mal fliegt einer von beiden in Rückenlage, und dabei fassen sie sich mit ihren Fängen traulich an und schlagen, wenn sie in Hochstimmung sind, dabei sogar mal ein Rad. Atemberaubende Sturzflüge runden die Flugschau ab, die ihren Höhepunkt von Februar bis März findet. Zur Einstimmung auf die Paarung rufen sie im Duett, das Männchen in hoher, das Weibchen in tiefer Tonlage. Was den Ort ihrer Intimitäten angeht, sind Seeadler nicht wählerisch. Die Begattung kann auf einem Baum erfolgen oder auf dem Boden, manchmal auch im Nest, das immer wieder mit frischem Grün ausgelegt wird. Die intimen Begegnungen finden morgens, mittags oder auch abends statt.

So wie Seeadler an ihr Revier gebunden sind, sind sie auch an ihren Partner gebunden. Die Bindung geht bei Seeadlern sogar soweit, dass sie paarweise auf Jagd gehen und die anvisierten Wasservögel, vor allem Enten und Rallen, abwechselnd immer wieder zum Abtauchen zwingen, bis die Opfer restlos erschöpft sind und zur leichten Beute werden. Dieses Beispiel zeigt, dass ein eingespieltes Zweierteam bei der Versorgung durchaus materielle Vorteile mit sich bringt. Die feste und dauerhafte Paarbindung der Seeadler bietet vor allem aber eines: Ein hohes Maß an Sicherheit. Man steht füreinander ein. So gesehen sind Dauerehen auch ungeschriebene Versicherungsverträge. Die Geltungsdauer allerdings endet abrupt mit dem Tod eines Gatten. Witwenrenten sind in der Vogelwelt nicht vorgesehen.

Zu den wohl treuesten Vögeln weit und breit zählen die im Mittelmeerraum und in Asien beheimateten Kaiseradler. Sie leben streng monogam und dauerhaft paarweise zusammen, ausnahmslos. Sie scheinen überhaupt nichts von Experimenten oder Abenteuern zu halten. Durch genetische Fingerabdrücke wurde nachgewiesen, dass der Kaiseradler-Nachwuchs immer von den fütternden Eltern stammt, Fremdbegattungen sind praktisch ausgeschlossen. Kaiser und Kaiserin auf Lebenszeit.

Neben der strengen Variante des Treuseins, bei der das Paar das ganze Jahr über beständig zusammenbleibt oder die Partner sich zumindest in der Nähe aufhalten, gibt es auch eine aufgelockerte Variante, bei der nur die Brutzeit paarweise verbracht wird. In der brutfreien Zeit werden Ehepausen eingelegt, die enge Beziehung wird zeitweilig ausgesetzt, man geht sich aus dem Wege und schlägt einen weiten Bogen. Die Brutzeit wird gemeinsam verbracht, in den Urlaub geht's auf eigene Faust. Treffen sich im folgenden Frühjahr die Partner im altbekannten Revier wieder, ohne dass etwas dazwischen- oder jemand zuvorkommt, dann wird die vorjährige Ehebeziehung weitergeführt, Fortsetzung folgt. Genauso pflegen Fischadler ihr Verhältnis. Das Weibchen verlässt die Familie Richtung

Süden, während das Männchen noch die Jungadler versorgt und fürs Leben fit macht. Ist der Plan erfüllt, steht von Herbst an der Afrika-Aufenthalt auf dem Programm. Erst im April des Folgejahres treffen sich Männchen und Weibchen wieder am vertrauten Horst und treten erneut in den Stand der Ehe.

Eulen und Greifvögel sind auf schwer zu fangende, große Beutetiere angewiesen. Das macht Mühe und hat eine treuestützende Wirkung. Es gibt aber auch Vögel, die es mit ihrer Futtersuche leichter haben und ihrem Partner trotzdem treu sind. Dies trifft auf die Rebhühner voll und ganz zu. Sie bleiben lebenslang auf ihrem Acker und sammeln fleißig Körner und Insekten. Weder Fernweh noch Neugier treiben sie fort, sie wollen in der Brutzeit nicht einmal einen Nachbarn sehen und gelten in dieser Zeit als besonders kontaktscheu. So tendiert das Verführungsrisiko gegen Null. Nur bei ausreichendem Sichtschutz, möglichst nach allen Seiten, fühlen sich Rebhühner wohl. Verschwinden Hecken und Feldgehölze, verschwinden die Rebhühner. Ist die Deckung optimal, bleibt das Rebhuhnpaar in seinem Revier und hat keinen Grund, groß umherzuschweifen, vorausgesetzt, es findet auch genug Nahrung. Wer als Paar ausschließlich mit sich selbst leben kann, verzichtet in den Folgejahren meist ganz und gar auf die Balz. Wozu dieses ganze Balztheater, wenn die Beziehungskiste geklärt ist, mag sich der Rebhahn fragen und lässt das anstrengende Balzspiel späterhin einfach ausfallen. Die Gattin, das Rebhuhn, scheint mit dem Ende der romantischen Stunden keine Probleme zu haben.

Himmlische Liebe – Mauersegler

Manchmal, mitten im Frisch-verliebt-sein, fühlen wir uns wie im siebten Himmel. Schwerelos. Erfahrungsgemäß hält dieser Schwebezustand nicht ewig an und der Mensch landet irgendwann mehr oder weniger sanft wieder auf dem Boden der Tatsachen.

Anders manche Vögel. Sie haben den Himmel für sich gepachtet. Es ist ihr tagtäglicher Verkehrsraum, an guten wie an schlechten Tagen. Flugakrobatische Späße treiben große wie kleine Vögel. So wird hoch oben auch geflirtet und geneckt. Vögel machen mit Schauflügen auf sich aufmerksam und kommen sich näher bei luftigen Balzspielen. Aber wenn es dann ernst wird und die Begattung ansteht, begeben sich die werdenden Gatten auf eher sicheres Terrain. Um kein Risiko einzugehen, landen sie zumindest auf Bäumen oder Sträuchern, manche auf dem Erdboden oder auf dem Wasser, um sich der Liebeslust hinzugeben.

Ein Vogel allerdings macht eine Ausnahme, es ist der Mauersegler, ein wahrer Draufgänger und extremer Dauerflieger, der mit seinen sichelförmigen Flügeln in scharfen Kurven um die Häuserecken saust. Er sieht den Schwalben ähnlich, ist jedoch deutlich größer. Apus apus heißt er in der Fachsprache, übersetzt bedeutet dies der Fußlose. In der Tat tragen Mauersegler nur noch Stummelfüße, für das Landleben total ungeeignet. Dafür haben sie die absolute Hoheit über den Luftraum inne. Ihre langen schnittigen Flügel machen den Seglern in der Luft nahezu alles möglich. Mit Ballons, Flugzeugen und Radar hat man versucht, den exzellenten Fliegern auf die Schliche zu kommen. Vor allem ihr Nachtleben und ihr Liebesleben galten lange als streng gehütetes Geheimnis. Da Mauersegler ständig durch die Lüfte segeln, selbst am Abend und nachts davon nicht ablassen und daher kaum zu greifen sind, nahmen unsere Vorfahren an, dass sie auf dem Mond ihre Nachtruhe hielten.

Inzwischen wissen wir einiges über ihr Nachtleben: Nach einigen Sekunden ziemlich flotter Flügelschläge setzt eine passive Gleitphase von ebenfalls einigen Sekunden ein. Das ist die Schlafenszeit – Sekundenschlaf im wahrsten Sinne des Wortes und ganz und gar ungefährlich, denn von der Route kann der Vogel nicht abkommen. Der ganze Himmel ist eine dreidimensionale, einzige Flugbahn von unendlicher Reichweite, Zusammenstöße sind höchst unwahrscheinlich. Mauersegler leben wahrhaft in einer anderen Welt. Auch die zweite beobachtete Spezialität der Mauersegler ist noch nicht in allen Details geklärt: das Kopulieren in der Luft. Zwar sorgen Mauersegler auch in ihrem Nistbereich in dunklen Mauer- und Felshöhlen in kauernder Stellung für Nachwuchs. Doch nichts geht über Sex in der Luft. Und das läuft so ab: Das Weibchen bremst das Tempo und beginnt im langsamen Gleitflug zu zittern. Dies gilt als Einladung an das hinter ihm fliegende Männchen, das von oben auf seiner Auserwählten wie auf einem Flugzeugträger landet und sich im Rückengefieder festkrallt. Bei dieser nicht ganz einfachen Nummer verlieren die liebenden Luftikusse an Höhe, doch die Gefahr einer harten Landung besteht nicht. Was für die Mauersegler beliebter oder effizienter ist, die Paarung auf festem Boden oder in der Luft, weiß man bis heute nicht. Genaueres weiß man allerdings zur Frage der Partnertreue zu sagen. Obwohl die Mauersegler als geschwinde Flieger durchaus mal schnell um die Ecke fliegen könnten, um ein fremdes Männchen zu einem Huckepack-Flug mit intimer Begegnung einzuladen, wird von dieser Möglichkeit praktisch kaum Gebrauch gemacht. Die Mauersegler gehören zu den treuesten Vögeln. Es gibt, bislang zumindest, keine Hinweise dafür, dass Mauerseglerweibchen sich auf fremde Männchen außerhalb des Ehebundes einlassen.

Die Brut findet in Nischen alter Gemäuer, Kirchen und Burgen bevorzugt mitten in unseren Siedlungen statt. Werden diese Altbauten jedoch saniert, ohne ersatzweise passende Nistkästen anzubringen, haben die Segler kaum mehr eine Chance auf ein Obdach. Beim Brüten wechseln sich Männchen und Weibchen ab. Solange die Brutzeit währt, sind die Mauersegler notwendigerweise sesshaft, aber nur solange wie nötig, nämlich bis zum Schlüpfen der Jungen aus dem Ei. Dann ruft der Himmel – und mit ihm die fliegenden Insekten. Wärmen der Jungvögel? Fehlanzeige. Wenn es kalt wird, lässt sich der Nachwuchs in eine Kältestarre fallen, eine Art Energiesparprogramm. Je kühler die Periode, desto länger kann das Heranwachsen dauern, bis zu sieben Wochen.

Das verblüffende Luftleben der Segler geht auch nach der Brut weiter. Schon im August verlassen Alt und Jung den europäischen Kontinent. Die in unseren Städten gewohnten Schrei- und Kreischpartys haben ein vorläufiges Ende. Die Schreihälse zieht es nach Afrika, jenseits der Sahara bis in die tropischen Zonen. Dort überwintern die Mauersegler – und zwar ausschließlich im Luftraum. Afrikanischen Boden betreten die permanenten Flieger zu keiner Sekunde. Die Jungvögel bleiben sogar zwei Jahre in diesen insektenreichen Luftschichten der Tropen. Dort erledigen sie alles Lebensnotwendige: Essen, Trinken, Schlafen, Kommunizieren und die Notdurft. Wenn die Altvögel gegen Ende April wieder in Mitteleuropa mit ihren schrillen „Srieh"-Rufen aufkreuzen, dann haben sie die Welt neun Monate lang nur von oben gesehen.

Partnerbewachung

Haben zwei Liebende das ersehnte große Glück gefunden, dauert es nicht lange, bis das Glück abgesichert werden soll. Doch kann man Glück konservieren? Egal, ob man kann oder nicht kann, man versucht es. Man passt auf, dass kein anderer das zugeflogene Glück wegschnappt. Die Überwachung setzt ein. Den Schmetterlingen im Bauch werden goldene Ketten angelegt. Bloß nicht umherflattern! Die Wonne der Leichtigkeit wird durch die Angst vor dem Verlust erdrückt.

Vogelmännchen scheinen von ähnlichen Verlustängsten geplagt zu sein wie Menschenmännchen. Um den Betrug durch Fremdgänger zu unterbinden, werden alle Männchen rigoros vertrieben, die sich dem eigenen Weibchen frech nähern. Ganz besonders während der fruchtbaren Tage kurz vor und während der Eiablage lässt das eifersüchtige Männchen seine Auserwählte nicht aus den Augen. Alle anderen Tätigkeiten ruhen in dieser Zeit oder sind sekundär. Nur nicht ablenken lassen! So überlässt manches Männchen auch gern alle Bauarbeiten am Nest dem Weibchen. Doch entschlossene Weibchen finden immer ein Hintertürchen. Je unübersichtlicher das Revier und je mehr Fremdmännchen am Rande auf die Gunst der passenden Sekunde warten, umso schwerer fällt es dem Hauptmännchen, den Überblick zu behalten. Und

schon ist es passiert. Vor allem die kleinen Singvogelweibchen sind anfällig, wenn es darum geht, sich genetisch bereichern zu lassen. Den Vorteilen einer Befruchtung durch Fremdlinge stehen aber auch Nachteile gegenüber. Wird der Betrug aufgedeckt, folgt ein zünftiger Ehekrach. Betrogene Sperlingsmännchen schimpfen, was das Zeug hält, um ihr Weibchen zur Ordnung zu rufen. Manch eine untreue Partnerin muss sogar Prügel einstecken oder sie wird vom enttäuschten Gatten sitzengelassen. Fremdgehen lohnt nicht immer!

Bei großen Vogelarten herrschen meist andere Sitten. Ob Adler, Geier oder Reiher: Sie verzichten generös auf die Partnerinnenbewachung. Toleranz macht's möglich. Doch was bleibt ihnen auch anderes übrig? Große Vögel haben großen Hunger und daher große Reviere, um Beute zu machen. Da ist es schlicht unmöglich, ständig das Tun der Partnerin im Blick zu haben, zumal auch Überwachungskameras nur selten verfügbar sind. Da steht der Vogelmann vor der Wahl: Die Treue der Gemahlin absichern und allmählich verhungern oder sich um Futter kümmern. Die wahrhaft großen Vogelmänner haben sich klar gegen das Verhungern entschieden. Damit alle auf ihre Kosten kommen, wird bei jeder Futterübergabe ausgiebig kopuliert. So werden die Grundbedürfnisse in einem Arbeitsgang erledigt.

Doch auch bei größeren Vögeln gibt es Ausreißer. Bei Kuhreihern haben Ermittlungen ergeben, dass Weibchen wie Männchen relativ regelmäßig fremdgehen. Im Ergebnis waren mehr als zehn Prozent der Jungen von fremden Vätern. Es scheint so, dass dieser Prozentsatz eine allgemeingültige Größe darstellt. Ein erstaunliches Fazit kann gezogen werden: Ob ein Leben mit oder ohne Partnerbewachung – auf den Treuestatus hat dies offenbar keinen garantierten Effekt! Die Untreue ist gewissermaßen naturgegeben und selbst durch strengste Kontrollen kaum zu vermeiden.

Kühle Beziehungen der Eisvögel

Wer kennt sie nicht? Es gibt heiße Typen und es gibt kühle Typen. Die Heißsporne überschlagen sich in Liebesbekundungen und Liebesbeweisen, schwärmen, küssen und kuscheln, was der Tag und die Nacht hergeben. Die anderen halten sich zurück in Liebesbekenntnissen und Liebeshandlungen, so oft und so lange es nur irgend geht. Sie sind wenig mitteilsam und zeigen kaum Gefühlsregungen. So unterschiedlich können Partner sein, und so verschieden temperiert können folglich Partnerbeziehungen ausfallen. Wie bei Menschen, so bei Vögeln.

Da hätten wir den Eisvogel mit seiner überaus prächtigen Gefiederfärbung: Je nach Lichteinfall schillert sein Oberteil, gewissermaßen der Mantel, kobaltblau bis türkisfarben, die Unterseite leuchtet orangerot bis kastanienbraun. Wegen der exotisch anmutenden Farbenpracht nennt man ihn auch „Fliegender Edelstein". Warum heißt der Eisvogel Eisvogel? Jede Antwort ist richtig oder zumindest nicht falsch. Sein Gefieder hat den metallischen Glanz des Eisens und er ist auch im Winter bei Eis und Schnee an Bächen und Flüssen beim Fischfang zu erleben. Allerdings brütet er nicht im Winter, wie der römische Schriftsteller Plinius irrtümlich berichtete.

Das Gesagte deutet schon darauf hin: Der Eisvogel ist eine kühle Natur. Am liebsten lebt er ganz für sich. Aber auch kühle Naturen wollen und müssen sich fortpflanzen, sich paarweise zusammenfinden. Wie stellen sie das an, wo sie doch scheinbar nicht für ein Leben zu zweit geschaffen sind und am liebsten jeden anderen Artgenossen aus ihrem Gesichtsfeld vertreiben? Eine Ehe kann sich beim gegenseitigen Jagen über dem Wasser anbahnen. Das Männchen versucht auch mit Schaukelbewegungen zu imponieren. Gesungen wird bei Eisvögeln nicht, das würde nicht zu ihrem Naturell passen. Aber es wird zumindest kurz gerufen, beim Zusammentreffen sogar im Wechsel. Besonders heftig ruft das Männchen zur Balzzeit „tiehttieht". Um ein Weibchen anzuwerben, behilft sich das Männchen eines bewährten Tricks: Es trägt ein kleines Fischlein herbei, um es mit einer Verbeugung dem Weibchen zu überreichen, frei nach dem Motto: „Kleine Geschenke erhalten die Freundschaft". So wird versucht, Misstrauen und aggressives Abwehrverhalten zu überwinden. Hat das Männchen Glück, nimmt das Weibchen das nahrhafte Angebot rufend und mit zitternden Flügeln entgegen. Diese Balzfütterung ist hilfreich, wenn ein Paar sich aneinander binden will. Sie dient dazu, den Partner und dessen Fähigkeit zu beurteilen. Die Annäherung, das Aneinander-Gewöhnen der sonst Unnahbaren setzt sich mit dem gemeinsamen Bauen der Niströhre fort. Durch Picken und Scharren wird die meterlange Höhle fast waagerecht in den Abhang eines steilen Ufers getrieben. Erst nach dem gemeinsamen Arbeitseinsatz und wenn die Bruthöhle fertiggestellt ist, wird es ernst mit der Begattung. Das Weibchen animiert durch ständiges Anrufen den Partner zur Tat und legt sich einladend fast waagerecht auf den Ast, damit das Männchen auf seinem Rücken landen kann. Blitzschnell greift das Männchen mit dem Schnabel in die Kopffedern des Weibchens und hält mit den Flügeln das Gleichgewicht. Die Begattung dauert einige wenige Sekunden. Danach wird meist gebadet. Derartige Begattungsakte können mehrmals am Tag stattfinden. Nach einer guten Woche ist der ganze Spaß vorbei. Der weitere Ablauf im Eisvogelsommer ist vor allem von Fleiß geprägt. Beide Elternteile wärmen abwechselnd fast drei Wochen das Gelege mit sechs bis acht Eiern bis zum Schlupf, und beide füttern und betreuen den Nachwuchs. Noch bevor die jungen Eisvögel flügge sind, findet im Schnelldurchlauf das Begattungsritual für die zweite Brut statt. In einer neuen Bruthöhre nimmt das Weibchen dann auf den frischen Eiern Platz, während das Männchen weiter füttert. Rund hundert kleine Fische werden täglich für die Eisvogelfamilie benötigt. Das ist harte Arbeit. Schon drei bis fünf Tage nach dem Ausfliegen werden die Jungen aus dem Revier verjagt, um alle Kraft in das Versorgen der Zweitbrut investieren zu können. Da bleibt für romantische Liebeleien kein Freiraum übrig.

Unmittelbar nach der Brutperiode gehen sich Eisvögel voll und ganz aus dem Wege. Ihre zweckgebundene friedliche Koexistenz wird nach dem Vertreiben der Jungen abrupt beendet. Stattdessen verhalten sie sich aggressiv zueinander und beziehen getrennte Reviere, die sie gegeneinander verteidigen. Eisvogelehen machen den Eindruck von Zweckehen. Sie werden einzig zu dem Zwecke angelegt, gemeinsam Nachwuchs aufzuziehen, nicht zuletzt, weil diese Aufgabe allein nicht zu bewältigen ist. Freundliche Zuwendungen oder gar Zärtlichkeiten stehen nicht im Verhaltensprogramm.

Fernbeziehung – Sturmvögel

Sie in Berlin, er in Saarbrücken? Wie soll denn das gehen? Es geht, und es wird hunderttausendfach praktiziert – als Fernbeziehung. Die Arbeit trennt, die Liebe verbindet. Ja, die modernen Zeiten und ihre Herausforderungen, man mag sie beklagen. Doch neu sind Fernbeziehungen keinesfalls. Fragen wir die Vögel.

Sturmvögel leben über den Wellen des Meeres und gelten als wahre Weltumsegler. Ein paar hundert Kilometer Entfernung sind für sie nur ein Klacks. Mit ihren langen, spitzen Flügeln fliegen die Hochseevögel den Fischschwärmen hinterher, wie auch manche Fischfangflotten weite Wege auf sich nehmen müssen. Nur sind die Vögel um ein Vielfaches schneller und wendiger. Sie sind immer auf der Suche. Dabei geht es nur selten um einen Partner, es geht vielmehr um frischen Fisch.

Es ist ein grundlegender Irrtum zu glauben, dass dort, wo Wasser ist, es nur so von Fischen wimmeln würde. So ist es nicht. Das Meer ist leer. Nur hier und dort gibt es Fisch in Schwärmen. Gewusst wo? Für die lachmöwengroßen Atlantiksturmtaucher, die zur Familie der Sturmvögel gehören, ist es auf hoher See kein besonderer Akt, eben mal tausend Kilometer zu fliegen, um auf Fischjagd zu gehen. Dabei geht es nicht nur um Eigenbedarf, es geht um die Familie! Erst wenn der Kropf gefüllt ist, geht es wieder heimwärts zur Brutkolonie. Das aber kann dauern, Stunden, Tage, Wochen…

Männchen und Weibchen der Sturmtaucher bebrüten gemeinsam ein einziges Ei, sieben Wochen lang. Das Nest ist versteckt in einer selbst gegrabenen Höhle auf einer grasbewachsenen Felsklippe. Gemeinsam heißt: Ein Partner brütet, der zweite fischt, danach wird gewechselt. Der Schichtwechel und damit das Wiedersehen erfolgen meist nach rund einer Woche. Eine echte Wochenendbeziehung, so mag man meinen. Da heißt es, Geduld und Ausdauer aufbringen, bis die Ablösung kommt. Es können aber auch schon mal drei bis vier Wochen bis zur Rückkehr vom Fischfang vergehen. Seemannsfrauen kennen das, mit dem kleinen Unterschied, dass sie über den Zeitplan und die Koordinaten genau informiert sind. Sturmtaucher haben kein Handy. Ob sie sich manchmal Sorgen umeinander machen?

Der Brutplatz wird generell nur nachts aufgesucht, begleitet von unheimlich anmutenden, laut jaulenden Rufen, die auch inbrünstig im Duett vorgetragen werden. Kein Wunder, nach so langer Zeit der Trennung. Normalerweise sind Sturmvögel eher schweigsam. Was sollen sie auch auf den Weiten des Ozeans herumschreien? Das hört ja eh keiner und wäre die reinste Energieverschwendung. Mit der Heimkehr wird aber alles anders. Die Freude des Wiedersehens wird hinausgeschrien. Diese das Trommelfell beeindruckenden Laute haben dem Sturmtaucher den Namen Teufelsvogel eingebracht.

Lange Trennungen seien schädlich für den Zusammenhalt eines Paares, sagt man. Ist aber permanente Nähe zwangsläufig eine Liebesgarantie? Sturmtaucher beweisen, dass man auch in einer Fernbeziehung gut und lange leben und lieben kann. Mit 52 Jahren hat ein Sturmtaucher einen Altersrekord unter den Vögeln in Freiheit aufgestellt. Die Partner leben und lieben erfolgreich – trotz oder wegen der seltenen Begegnungen. Sie leben sogar in monogamer Dauerehe. Dabei sind sie sich gegenseitig treu, und auch die Brutplatztreue halten sie hoch. Sturmtaucher sind, wie sollte es auch anders sein, waschechte Zugvögel. Auf ihren Winterausflügen umsegeln sie den Südatlantik und kehren immer wieder zu ihren Bruthöhlen auf den Atlantikinseln zwischen Wales, Schottland und den Hebriden zurück, wenn es um die Liebe und die Fortpflanzung geht.

Die Sturmtaucher bestätigen zudem, dass trotz Fernbeziehung Kinder zur Welt kommen können. Gesunde und lebenstüchtige Vogelkinder, wenn auch nur eines pro Brutpaar und Brutsaison.

Dieser eine Jungvogel bindet, wie sollte es auch anders sein, die Eltern ans Nest. Um diese Betreuungszeit für beide Partner erträglich zu gestalten, wurde eine faire Arbeitsteilung vereinbart. Sechzig Tage lang wird der Nestling im Wechsel durchgefüttert, bis er rund und dick ist. (Die gut genährten, fetten Nestlinge der Sturmtaucher galten bis vor zweihundert Jahren sogar als Delikatesse.) Wenn dann die sechzig Tage abgelaufen sind, dann reisen die Elternvögel ab und lassen ihren noch hilflosen Sprössling allein zurück. Dieser hungert sich acht Tage oder länger durchs Leben und magert dabei bedenklich ab. Ein herzloser Umgang mit dem eigenen Nachwuchs? Mag sein, aber es funktioniert. Wenn die Jungen sich von den Alten lösen, ist es für beide Seiten ein lebenswichtiger Lernvorgang. Er führt wohl dazu, Mut zum eigenständigen Leben zu fassen. Bei den Seevögeln gelingt es auf beeindruckende Weise.

Gleichgeschlechtliche Paare – Homoehe

Liebesbeziehungen zwischen zwei Partnern des gleichen Geschlechtes waren lange Zeit tabu. Derartiges Verhalten war schon vor dreitausend Jahren unter Strafe gestellt. Die Sanktionen reichten vom Auspeitschen bis zum Enthaupten. In Deutschland stand die Homosexualität 122 Jahre lang fast bis zum Ende des 20. Jahrhunderts unter Strafe. In über fünfzig Ländern der Erde ist das bis heute noch der Fall. Über Jahrhunderte galt der Lehrsatz, dass Frauen nur mit Männern komplett sind, wie auch umgekehrt. Doch diese Botschaft geriet und gerät immer mehr ins Wanken.

Neben einem Single-Leben sind auch gleichgeschlechtliche Partnerschaften in offenen Gesellschaften zunehmend anerkannt. Eine gesteigerte Akzeptanz, nicht zuletzt auch durch den Gesetzgeber, erleichtert wiederum ein Offenlegen der Verhältnisse.

Über gleichgeschlechtliche Partnerschaften in der Natur war lange Zeit kaum etwas bekannt. Liebe zwischen zwei Weibchen oder zwei Männchen galt in den Anfängen der Vogelbeobachtung vor hundert Jahren als Regelverstoß, als „Verhaltens-Irrung". Das Urteil der Forscher war alles andere als objektiv begründet. Es resultierte zwangsläufig aus den allgemeinen Ansichten jener Zeit, die das bürgerliche Ideal von Ehe und Treue vor Augen hatten. Für Abweichler war kein Raum vorgesehen.

Neuere Forschungen belegen jedoch, dass Homosexualität im Tierreich weiter verbreitet ist, als bisher angenommen. Gleichgeschlechtliche Beziehungen existieren in der Tat quer durch die Natur. Sie wurden bei Säugetieren und Vögeln ebenso bekannt wie bei Fröschen, Fischen, Insekten und Würmern. Bei Herdentieren kommt homosexuelles Verhalten gehäuft vor. Als herausragende Art gelten die Giraffen: Bei ihnen werden 94 Prozent aller Geschlechtsakte zwischen Männchen und Männchen vollzogen. Diverse Arten lösen angestaute Konflikte mit gleichgeschlechtlichem Sex. Männliche Löwen beweisen beispielsweise anderen Männchen ihre Loyalität, indem sie sich ihnen anbieten.

In der bunten Welt der Vögel scheinen es die gesellig lebenden Arten zu sein, bei denen gleichgeschlechtliche Beziehungen häufiger vorkommen. Von Haubentauchern wird berichtet, dass sich in lockeren Nichtbrütergruppen gelegentlich Paare gleichen Geschlechts herausbilden. Meist handelt es sich um Männchen, die intensive Freundschaften miteinander eingehen. Bei Flussseeschwalben treten zuweilen ebenfalls gleichgeschlechtliche Paare auf. Angeblich sollen diese durch Rollentausch bei der Balz entstehen. Wenn ein Seeschwalben-Männchen bei der Balz die Weibchenrolle übernimmt, dann macht es sich für manches andere Männchen durchaus begehrenswert.

Die gängige Lehrbuchmeinung, dass gleichgeschlechtliche Paare und damit die Homosexualität für die Arterhaltung keinerlei Nutzen habe, war lange Zeit unangefochten. Darin waren sich Christen wie Darwinisten einig: Gleichgeschlechtliche Liebe bringt keinen Nachwuchs hervor, da die Partner sich der Fortpflanzung entziehen. Neuere Erkenntnisse bei Albatrossen bringen diese These nun gründlich ins Wanken. Das Gegenteil könnte ebenso zutreffen: Lesbische Laysan-Albatrosse sichern sogar den Fortbestand ihrer Spezies. Doch zunächst zum „Normalfall": Die genannte Albatros-

Art brütet auf den Hawaii-Inseln in großen Brutkolonien, vor allem auf der Insel Laysan. Albatrosse gehören zu den flugtüchtigsten Hochseevögeln. Wer aber gut fliegen kann, kann meist schlecht tauchen. Deshalb verzichten sie ganz und gar auf das Tauchen. Die Lösung für das „Gut-Fliegen-Aber-Schlecht-Tauchen-Problem": Die Albatrosse nehmen nur jene Fische auf, die an die Oberfläche kommen. Die Ausflüge der Albatrosse zum Fischfang währen monatelang. In dieser Zeit betreten sie kein Land. Lediglich das Brüten zwingt zu einem zeitlich beschränkten Landaufenthalt, da die Evolution fliegende Nester noch nicht erfunden hat.

Die Jungvögel segeln nach dem Flüggewerden um die halbe Welt und kehren drei Jahre später zur Brutkolonie zurück. Erst im Alter von sieben bis acht Jahren paart sich der Laysanalbatros zum ersten Mal. Als Hochzeitszeremonie wird ein Tanz mit bis zu 25 Schritten aufgeführt. Diese gemeinsame Leistung schweißt zusammen. Ein so vereinigtes Paar bleibt sich lebenslänglich treu. Das Weibchen legt lediglich ein einziges Ei, das von beiden Elternteilen 65 Tage bebrütet wird. Das Einzelkind wird mit dem ausgewürgten Mageninhalt der Eltern gefüttert, bestehend aus angedauter Fischkost. Erst nach 160 Tagen wird das Junge flügge.

So lautet die meist beschriebene Albatros-Biografie. Doch die Rechnung geht für einen großen Teil der Albatros-Weibchen nicht auf. Es herrscht in den Vogelkolonien chronischer Mangel an Männchen. Rund die Hälfte der Albatros-Weibchen steht deshalb vor der Wahl: Entweder sich als Single-Mutter durch das Leben schlagen oder sich mit einem zweiten Weibchen zu einer engen Partnerschaft zusammenschließen. So kommt es, dass ein Drittel aller Paare sich aus Weibchen zusammensetzt, Weibchen-Ehen gewissermaßen. In der Aufzucht von Nachwuchs sind Paare aus zwei Weibchen erfolgreicher als „Single-Mütter". Die Weibchen haben darüber hinaus einen klaren Vorteil: Sie wechseln sich von einem Jahr aufs andere beim Austragen des Eies ab.

Auch unsere heimischen Entenweibchen haben einen guten Grund, sich gelegentlich für gleichgeschlechtliche Partnerschaften zu entscheiden. Genau das tun sie, wenn zwei Weibchen ihre Eier in ein und dasselbe Nest legen. Dann liegen dort nicht zehn, sondern zwanzig Eier. Beide Weibchen können sich beim Brüten und bei der Betreuung der Jungen abwechseln oder ergänzen, da die Entenmännchen in dieser Frage ein glatter Ausfall sind. Das ist gelebte weibliche Solidarität.

Übers Ganze gesehen profitiert ein Schwarm von der homosexuellen Liebe einzelner Mitglieder.

Homosexuelles Verhalten erlaubt in flexibler Weise auf Missstände und Ungleichgewichte zu reagieren. Es befördert ein gemeinschaftliches Kümmern um den Nachwuchs. Und es entschärft soziale und sexuelle Konflikte.

Heirat unter Verwandten

In den Ländern des christlichen Abendlandes gilt für die Heirat unter Blutsverwandten, dem Inzest, ein gesetzliches Verbot mit der Androhung mehrjähriger Haftstrafen. Erkenntnisse lassen darauf schließen, dass bei Geschwisterehen oder Eltern-Kind-Ehen Erbkrankheiten vermehrt auftreten. So wurden bei einer Gruppe von Mormonen in den USA die weltweit häufigsten Fälle von Fumarase-Mangel nachgewiesen, einer Erbkrankheit, die zu geistiger Behinderung führt. Mormonen haben noch im letzten Jahrhundert in polygamen Verhältnissen mit nur wenigen dominanten Männern gelebt. Manche dieser Männer haben eine extrem hohe Zahl von Nachkommen gezeugt – oft innerhalb der engen Verwandtschaft.

In der freien Natur gibt es keine Paragraphen, die festlegen, wer wen heiraten darf und wer wen nicht. So kann es nicht verwundern, dass es in den Paarbeziehungen auch manchmal bunt durcheinander geht, zumindest nach unseren Maßstäben. Vielleicht könnten wir aber im Sinne der angeklagten Vögel mildernde Umstände walten lassen?

Durch Beobachtungen des Paarungsverhaltens von Wasseramseln kam ein solcher Fall von gehäufter Verwandtenheirat ans Tageslicht. Mit seinem großen, weiß strahlenden Brustlatz fällt der Vogel sofort ins Auge. Man begegnet ihm fast ausschließlich am Wasser, besonders an Gebirgsbächen. Eine seiner speziellen Fähigkeiten ist das für viele Fälle des Lebens ganz nützliche Abtauchen. Die Wasseramsel ist überhaupt der einzige Singvogel, der schwimmen und tauchen kann. Tagtäglich taucht der kleine Wicht mit den stämmigen Beinen in das eiskalte Wasser reißender Bäche und Flüsse, dreht unter Wasser Steine um und sammelt Kleingetier ein. Das sind seine täglichen Leckerbissen. Vor allem, wenn die Wasseramseln Junge im Nest zu versorgen haben, lässt sich diese außergewöhnliche Sammelleidenschaft bewundern. Wir Menschen würden diese Art an Nahrung zu kommen kaum gesund überleben. Weder die Strömung noch die Temperatur könnten wir ertragen.

Zur Klärung des Sachverhaltes „Heirat unter Verwandten" wurden in einem langjährigen Experiment die jungen Wasseramseln aus zahlreichen Nestern beringt. Damit bekam jeder Vogel in dem Untersuchungsgebiet quasi einen Personalausweis, eine eindeutige Identifikation. Im folgenden Frühling waren diese Vögel erwachsen und sie suchten sich einen Partner zur Heirat. Dabei sind die Forscher auf merkwürdige Verhältnisse gestoßen, die nach unseren Gesetzen auf der Anklagebank hätten landen müssen. So verpaarte sich eine fünfjährige Wasseramselfrau nach mehrjähriger und erfolgreicher Ehe neu – mit ihrem zweijährigen Sohn und machte ihn zum Vater ihrer Kinder. Möglicherweise vereinigte sich hierbei rein zufällig ein erfahrenes Weibchen mit einem männlichen Anfänger. Da Wasseramseln Standvögel sind, ist die Wahrscheinlichkeit eines zufälligen Heiratens zwischen Familienmitgliedern durchaus gegeben. Allgemein gilt die Regel, dass ortstreues Verhalten die Inzucht fördert. Wenn die Vögel ihren Geburtsort nicht verlassen oder ihn zur Brutzeit immer wieder aufsuchen, liegt es nahe, dass sich auch Verwandte miteinander paaren.

Derartige Fälle von Inzucht wurden schon mehrfach festgestellt. Bei einer systematischen Untersuchung an Kohlmeisen fand man heraus, dass sich unter Meisenpaaren ein bis zwei Prozent Inzuchtpaare befanden. Konkret waren darunter fünfmal die Mütter mit ihren Söhnen liiert, dazu kamen sieben Bruder-Schwester-Beziehungen und eine Onkel-Nichte-Verbindung. Die Vogelpaare mit engeren Verwandtschaftsverhältnissen hatten insgesamt einen geringeren Bruterfolg und eine höhere Sterblichkeit ihrer Jungen zu beklagen als nicht verwandte Paare. Insgesamt betrachtet ist die Inzuchtquote in diesem Falle von unter zwei Prozent als gering zu bewerten. Bei isolierten Vorkommen, zum Beispiel auf Inseln, kann die Quote aber deutlich ansteigen, und die Tiere werden dann genetisch immer ähnlicher.

Trotz dieser aufgedeckten Fälle scheint die Vermeidung von Inzucht auch ein Anliegen der Natur zu sein. Bei den meisten Tierarten wird Inzest passiv vermieden, indem Nachkommen sich zerstreuen bzw. von den Eltern nicht mehr in der Nähe geduldet werden. Es gilt als Regel, dass entweder die jungen Männchen oder die jungen Weibchen die Gruppe verlassen müssen, wodurch eine räumliche Trennung der Geschwister erfolgt. Durch diese Verhaltensweisen wird es unwahrscheinlicher, dass sich Geschwister zu Paaren zusammenschließen. Neben dieser passiven Strategie kann auch aktiv daran gearbeitet werden, Inzest zu vermeiden. Diese ist allerdings an die Möglichkeit individuellen Wiedererkennens gebunden und kommt auch bei Tieren vor. Bei Graugänsen vermeiden Geschwister eine Verpaarung selbst dann, wenn sie ohne andere Partner zusammen gehalten werden; hier spielt wahrscheinlich die sexuelle Prägung während der frühen Entwicklung eine Rolle. Bei Schimpansen wurde beobachtet, dass Weibchen sexuelles Interesse von Brüdern aktiv abwehren und dass selbst erwachsene, ranghohe Männchen ihrer Mutter gegenüber kein sexuelles Interesse haben. Untersuchungen an Menschen zeigten, dass sie als Erwachsene denjenigen gegenüber eine erotische Barriere haben, die sie in den ersten fünf Lebensjahren gut kannten.

Mit den Risiken der Inzucht scheinen die Prachtstaffelschwänze zu leben. Sie haben in der kargen Steppe Ostafrikas ihre Heimat, wo Nahrung und Nistplätze rar sind. So gilt es zu improvisieren. Die Jungvögel bleiben mangels Alternativen im Revier der Alten. Wenn ein Altvogel ausfällt, rückt ein starker Nachwuchsvogel nahtlos auf. Dadurch können sich eheähnliche Verhältnisse zwischen Vater und Tochter ebenso wie zwischen Mutter und Sohn oder Bruder und Schwester ausbilden. Die Paarbindung wird außergewöhnlich locker gehandhabt. Um das Risiko der Inzucht zu mindern, haben diese Vögel ein Gegenmittel erfunden: Es wird reichlich mit Nachbarinnen und Nachbarn kopuliert. Bei einem solchen Nachbarschaftsbesuch bringen die Männchen in der Regel eine Blume im Schnabel mit. Derartige Geschenke erhalten allerdings nur fremde Weibchen, nicht das eigene, mit dem der Hausstand gemeinsam bewirtschaftet wird. Man könnte darin den Unterschied zwischen Zweckbeziehung und Liebesbeziehung vermuten. Die Männchen kontaktieren auf diese charmante Weise rund zehn verschiedene Weibchen. Ihre Weibchen indessen empfangen gern Männerbesuch und stehen damit ihren Partnern in keiner Weise nach. Eine Paarung durch den Hausgatten lässt das Weibchen nur so oft wie unbedingt nötig zu, um ihn für die Jungenaufzucht ausreichend zu binden. Die Kinder sind größtenteils nicht von ihm. Achtzig Prozent der Nestinsassen stammen von fremden Vätern und deren vorübergehenden Hausbesuchen ab. Als Ausgleich hat der fütternde Vogelvater seine Genspuren bei diversen Nachbarinnen hinterlassen. Diese Art des Zusammenlebens, wo scheinbar alles drunter und drüber geht, hat die Zweierbindung weitgehend unterwandert. Sie wurde durch eine Art sozialer Übereinkunft ersetzt. Auf diese Weise wird die Zeugung von Nachwuchs zwischen engen Blutsverwandten auf ein Minimum beschränkt.

Hochzeit der Unverwandten

Eheschließungen finden üblicherweise zwischen zwei Partnern ein und derselben Art statt. So hat es die Natur vorgesehen. Wo kämen wir denn hin, wenn der Storch mit dem Spatz und der Schwan mit der Nachtigall sich vereinigen würden? Es ist im wahrsten Sinne des Wortes arteigen, dass sich nur Vertreter einer Art miteinander paaren und Nachkommen zeugen können. Doch keine Regel ohne Ausnahmen. So kommt es durchaus vor, dass zwei Vögel unterschiedlicher Artzugehörigkeit eine Familie gründen wollen. Die betreffenden Vögel gehen dabei in einem ungewöhnlichen und wesentlich schwerer wiegenden Sinne fremd. Sie gehen zu einer fremden Art, um sich zu paaren – oder genauer gesagt: sich zu verpaaren, denn es handelt sich hierbei eindeutig um ein Versehen, um eine Hochzeit von allzu Unverwandten. Das geht keineswegs beliebig und meist auch nicht sonderlich gut. Zumindest wird eine gewisse Ähnlichkeit der Hochzeitskandidaten vorausgesetzt. Meist enden diese Experimente zwischen zwei Angehörigen verschiedener Arten aber in einer Sackgasse. Kommt es zur Begattung zweier Vögel unterschiedlicher Artzugehörigkeit, dann steht die Frage, ob überhaupt Eier daraus hervorgehen und wenn ja, ob diese befruchtet sind. Ist dies der Fall und schließt sich zudem noch eine erfolgreiche Brut an, dann gehen als Produkt der Kreuzung Hybride hervor. Die Mischpaare zeugen Mischlinge, auch Bastarde genannt. Diese Nachkommen sind oft alles andere als fit, und nicht selten erweisen sie sich gar als unfruchtbar. Bislang wurden solche Vorkommnisse als „Irrtümer der Natur" oder als „genetische Unfälle" angesehen. Neuerdings gibt es jedoch die Ansicht, dass diese seltenen Abweichungen von der Normalität durchaus einen tieferen Sinn haben könnten: Durch Verpaarung des Bastards mit dem Elterntyp, genannt Rückkreuzung, kann die genetische Vielfalt erhöht werden. Von Bedeutung ist dies besonders bei Umweltveränderungen, da dann die Anpassungsfähigkeit einer Population durch die scheinbaren Ausrutscher gesteigert werden kann.

Ein des Öfteren beschriebenes Beispiel sexueller Kontakte zwischen nahestehenden Vogelarten bieten Trauerschnäpper und Halsbandschnäpper. Beide gehören zu den Fliegenschnäppern, die von einer Sitzwarte aus im Flug nach Insekten schnappen. Während der schwarzweiße Trauerschnäpper vor allem im Norden und Westen Europas zu Hause ist, hat der Halsbandschnäpper, unverwechselbar durch den weißen Halsring, seinen Verbreitungsschwerpunkt im Südosten. Im Grenzbereich in Süddeutschland kommt es nicht selten zu folgenreichen Begegnungen beider Arten. Es bilden sich ohne böse Absicht Mischpaare. Aus diesen Mischehen gehen fruchtbare Söhne und unfruchtbare, sterile Töchter hervor. Die unfruchtbaren Töchter verhindern damit eine fortgesetzte Vermischung. Dennoch: Nicht nur die Söhne, auch die Töchter interessieren sich für das andere Geschlecht. Den Mischlingsmännchen ist egal, mit wem es eine Bindung eingeht. Es muss lediglich eine Partnerin von einer der beiden Schnäpperarten sein. Nicht so bei den Weibchen. Sie wählen ihren Partner immer nach dem Vatertyp aus, sogar, wenn dieser ein Mischling ist. Es ist also das Vaterbild, welches die Weibchen ersehnen, wenn sie auf Partnersuche sind. Doch welcher Vater gibt die Richtung vor, wenn es zwei davon gibt? Der leibliche, biologische Vater oder der fütternde, soziale Vater? Um diese Frage zu klären, wurden in einem Experiment die Nestinsassen zweier Mischlingsehen ausgetauscht. Einmal war der Trauerschnäpper der leibliche Vater, einmal der Halsbandschnäpper. Nach dem Tausch wurden die Jungvögel des Halsbandschnäppervaters vom Trauerschnäppervater gefüttert und umgekehrt. Die Töchter wurden durch das Füttern auf den jeweils fremden Vater geprägt. Als die Töchter schließlich heiratsfähig wurden, verfolgte man die Gattenwahl der jungen Weibchen. Sie entschieden sich eindeutig für jene Partner, die nicht dem fütternden Vaterbild entsprachen, sondern dem scheinbar unbekannten Bild ihres nie gesehenen Erzeugers. Die Gene vom wahren Vater also dirigieren die Töchter, nicht das kennengelernte Bild des treu sorgenden Stiefvaters.

Mischehen konnten des Öfteren auch bei Möwen beobachtet werden. In großen Lachmöwenkolonien findet sich manchmal eine einzelne, nur wenig größere Schwarzkopfmöwe. Aus der Not eines echten Partnermangels heraus kann sie sich mit einer Lachmöwe verpaaren. Besser fremd verpaart als gar nicht, mag für die Möwe gelten.

Einzelne Vorfälle artübergreifender Verliebtheit wurden auch bei Spechtvögeln bekannt. Beteiligt waren die sich einander ähnelnden Grünspechte und Grauspechte. Vor allem der Mangel an artgerechten Partnern kann die verschiedenartigen Spechte zueinander treiben. Findet ein Grauspecht keinen artgleichen Partner, greift er manchmal auf das Angebot eines Grünspechts zurück. Sind zudem auch noch Grünspechte in dem Gebiet rar, dann steigt die Wahrscheinlichkeit gemischter Ehen. Die daraus hervorgehenden Bastard-Spechte haben, trotz großer Bemühungen, bislang noch keinen eigenen Nachwuchs hervorgebracht. Allerdings sind die Mischlingsweibchen bisweilen sehr erfinderisch und durchsetzungsfähig, wenn es darum geht, ihren Bruttrieb auszuleben. In einem beschriebenen Fall hat ein Grün-Grauspecht-Bastard ein Grauspecht-Brutpaar aus seiner Höhle vertrieben und das Gelege im wahrsten Sinne des Wortes besetzt. Die Bebrütung der angeeigneten Eier und die Aufzucht der fremden Jungspechte verliefen mit dem einsatzfreudigen Ersatzelternspecht sehr erfolgreich.

Gar nicht so selten kommen Mischehen zwischen Raben- und Nebelkrähen vor, bevorzugt im Elbegebiet, wo sich die Lebensräume beider Arten überschneiden. Bei den Weibchen, die aus solchen Mischehen stammen, hat man später einen geringeren Bruterfolg als bei Weibchen von reinrassigen Ehen festgestellt. Damit sind und bleiben derartige Vermischungen Ausreißer, die auch wieder zu Auslaufmodellen werden können. Zumindest aber scheinen sich die Gebiete, in denen die Krähen-Mischlinge vorkommen, nicht zu erweitern. Die so genannte Hybridzone, also der Gebietsstreifen, in dem diese Vermischungen vorkommen, war vor achtzig Jahren fünfzig Kilometer breit und blieb bis heute unverändert.

Selbst in den besten Sängerfamilien kann eine Vermischung vorkommen, so zwischen der Nachtigall und dem Sprosser. Westlich der Elbe ist die Nachtigall zu Hause, nordöstlich davon der Sprosser. Wo sich die Areale beider Arten überschneiden, ist der Weg von Herrn Nachtigall zu Frau Sprosser nicht weit. In diesen Überlappungsgebieten können bis zu zehn Prozent der Verpaarungen gemischter Art sein. Die Kinder solcher Mischehen übernehmen dann Gesangsmotive beider Arten – sie wachsen sozusagen zweisprachig auf. Steht nun die Frage, was wird aus diesen Mischlingen? Sind sie fruchtbar, und können sie sich vermehren? Soweit bekannt, sind bei den Sprosser-Nachtigall-Kreuzungen die Bastardmännchen fruchtbar, die Bastardweibchen hingegen unfruchtbar.

Naheliegend sind Mischehen zwischen Haus- und Feldsperling. So wurde beobachtet, wie ein Hybrid-Sperlingsmännchen, aus einer Mischehe stammend, sich mit einem Haussperlingsweibchen zusammengetan hat und gemeinsam Nestlinge fütterte. Doch die Annahme, dass es sich um Nachkommen des Spatzenhybriden handelte, erwies sich bei näherer Prüfung als falsch. DNA-Analysen zeigten, dass die Nestlinge allesamt nicht vom fütternden Bastard, sondern von einem Nachbarmännchen abstammten, das die Befruchtung freundlicherweise übernommen hatte.

Kommen Vermischungen regelmäßig vor, können sie mitunter eine neue Rasse oder Art zum Ergebnis haben. So ist aus der Vereinigung von Haussperling und Weidensperling die neue Rasse mit dem Namen Italiensperling hervorgegangen. Dieser Sperling hat inzwischen große Teile Italiens erobert. Im Norden Italiens liegt der Grenzbereich zum Haussperling und es gibt dort laufend Mischlinge aus beiden Rassen. In Süditalien treffen sich die Areale des Italiensperlings und des Weidensperlings. Auch dort geht die Vermischung munter weiter. Die Folge sind Mischehen zwischen dem Weidensperling mit dem Mischling Italiensperling. Soweit die Rubrik „Vermischtes".

Eigenbrötler – Habicht und Rotkehlchen

Es gibt Menschen, die sich aus allem heraushalten. Es handelt sich dabei um Typen, die eher ungesellig sind und lieber ihre Ruhe haben wollen, als sich mit dem Klatsch und Tratsch der Nachbarschaft zu befassen. Schon seit jeher nennt man solch eigenwillige Vertreter im Sprachgebrauch „komischer Kauz", weil man weiß, dass die Käuze ein sehr eigenartiges und abgeschiedenes Dasein pflegten. Es handelt sich dabei ganz offensichtlich um Individualisten. Sie setzen auf Unabhängigkeit und Eigenversorgung. Früher nannte man sie auch Eigenbrötler. Das waren bedauernswerte Junggesellen, die, weil ihnen das Weibchen im Hause fehlte, sogar ihr Brot selbst backen mussten. Das ist Geschichte. Nun tut sich ein neuer Trend auf: Immer mehr Frauen wie Männer erkennen die befreienden Seiten des Alleinlebens. Ja, man kann auch ohne einen Partner permanent an seiner Seite zu haben, sein Dasein durchaus genießen, zumal das Brot backen kein mitleidregendes Thema mehr ist.

Auch von manchen Vögeln wissen wir, dass sie nur der Not gehorchend einen Partner oder eine Partnerin für die besonderen Momente im Leben auswählen. Manchmal erfüllen sie sogar noch ihre ehelichen Pflichten. Aber danach gehen sie allem und allen schnellstmöglich aus dem Wege. Sich nicht anpassen zu müssen, sich ganz ohne Rechtfertigung so zu benehmen, wie man sich gerade fühlt, hat durchaus etwas reizvolles, nicht nur für Vögel...

Neben den Käuzen hat sich auch der Habicht als ausgeprägter Einzelgänger einen Namen gemacht. Der Vogel mit dem scharfen Hakenschnabel lebt versteckt in Wäldern und man sieht ihn eher selten und wenn, dann nur flüchtig zwischen den Bäumen entschwindend. Ein zumeist stiller und scheuer Vogel. Scheu nicht zuletzt deshalb, weil er vom Menschen jahrhundertelang gnadenlos verfolgt wurde. „Hühnerhabicht" wurde der wendige Vogel mit den langen Steuerfedern geschimpft, weil er ab und zu, wenn ihn der Hunger quälte, ein freilaufendes Huhn zum eigenen Verzehr ergatterte, ein Huhn, das einen Besitzer hatte, dem das ganz und gar nicht gefiel. Schließlich sollte das Huhn noch viele Eier legen und später mal im Kochtopf landen – für eine eigene Mahlzeit.

Habichte haben vor allem eine besonders feste Beziehung zu ihrem Revier. Sie bleiben dort das ganze Jahr über. Außerhalb der Brutzeit gehen Mann und Frau sich strikt aus dem Wege und vermeiden jede Begegnung. Im dichten, geschlossenen Wald mit vielen alten Bäumen beansprucht er für sich einen großen Bereich von vielen Quadratkilometern Fläche. Für einen Einzelgänger ist ein großer Wohnbezirk sehr vorteilhaft, weil damit das Risiko, auf Artgenossen zu stoßen, verringert wird. Auf seinem Grundstück herrscht absolutes Betretungsverbot und erst recht Bauverbot für andere Habichtmänner. Er, der Inhaber, baut sich aber nicht nur einen Wohnsitz, Horst genannt, nein, er leistet sich den Luxus gleich mehrerer Horstplätze. Die stattlichen Nester werden auf alten Bäumen errichtet und ruhen auf starken Ästen. Als Schmuck werden grüne Zweige ins Nest gelegt. Das legt den Verdacht nahe, dass Herr Habicht einen Sinn für Ästhetik, Wohnraumgestaltung und Häuslichkeit haben könnte. In gewisser Beziehung ist es auch so: Der Habicht verlässt seinen angestammten Lebensraum kaum jemals. Ein standhafter Standvogel.

Ein Mann, der immer zu Hause ist und niemals groß fortgeht – der Traum nicht nur mancher Vogelweibchen. Die ganzjährige Reviertreue befördert zwangsläufig auch die eheliche Treue. Da kann nicht viel schief gehen – kann, muss aber nicht.

Zur Brutzeit erfüllt der Habicht notgedrungen sein Pflichtprogramm. Brav bringt er seinem Weibe, das zu Hause auf dem Neste hockt und die Eier über fünf Wochen lang ausbrütet, regelmäßig Frischfleisch. Mit seinen kurzen runden Flügeln und dem langen Schwanz navigiert er geschickt zwischen den Baumstämmen der Wälder. Oder er kreist bei gutem Wetter in großer Höhe und stößt zielsicher auf sein Opfer herab, weshalb er auch als „Stößer" in den ländlichen Sprachgebrauch einging. Im Sortiment befinden sich Mäuse, Kaninchen und vor allem Geflügel aller Art, keineswegs nur Hausgeflügel. Bei der Nahrungsbeschaffung ist der Habicht alles andere als zimperlich. Um seine Sippe mit Fleisch zu versorgen, greift er auch ohne Hemmungen in die Kinderstube der Nachbarn ein, um dort den Nachwuchs zu rauben und an die eigenen Kinder zu verfüttern. Auch die Nestlinge von Adlern haben schon daran glauben müssen. So gesehen trifft der lateinische Name des Habichts – Accipiter gentilis – , der von „capere" – „nehmen" abgeleitet ist, sein angeborenes Verhalten sehr genau. Er versteht sich aufs Kapern. Gute Nachbarschaftsbeziehungen sind dem Habicht fremd. Ist der eigene Nachwuchs dann soweit, dass er sich selbst versorgen und auswandern kann, setzt wieder das Einsiedlerleben des Habichts ein. Er meidet wieder jedweden Kontakt zu seiner Verwandtschaft, inklusive seines Ehepartners. Er genügt sich selbst und kommt damit gut über die Runden – allerdings nur bis zur nächsten Brutsaison. Dann muss er sich wieder mit seiner „Ehemaligen" arrangieren. Sie finden sich und kreisen gemeinsam über die Baumwipfel. Die paarweisen Schauflüge mit betont langsamen, zeitlupenartigen Flügelschlägen beginnen schon im Spätwinter. Um seinem stärkeren und um ein Drittel größeren Weibchen zu imponieren, steigt der kleine Habichtmann mit heftigen Flügelschlägen in die Höhe, um sich wie ein Stein fallen zu lassen. Obwohl sonst eher schweigsam, ruft dann der Habicht in langen und ziemlich ungeduldig klingenden Rufreihen laut zur Paarung auf. Er unterbricht sein gewohntes Dasein als Einsiedler.

Ebenso wohnorttreu wie die Habichte verhalten sich die Rotkehlchen. Sie sind das ganze Jahr über in ihrem Revier, das allerdings sehr viel kleiner ist und in einem größeren Garten schon genug Platz finden kann. Während Rotkehlchenpaare zur Brutzeit fest zusammenhalten und auf Leben und Tod gegen Fremdlinge kämpfen, gehen sich die Partner nach dem Ausfliegen der Jungen strikt aus dem Wege. Sie trennen sich von allen Gemeinsamkeiten und bevorzugen ein Eremiten-Dasein. Das Revier wird geteilt in eine weibliche und eine männliche Hälfte. Die Verteidigung des Areals übernimmt nun jeder für sich. So singen sich Männchen und Weibchen allein durch den Winter, das Weibchen murmelt dabei nur ein wenig leiser. Erst im Frühling beginnt wieder die Suche nach Nähe und Verständigung. Die trennenden Grenzen werden aufgelöst und die alte Ehe kann wieder neu aufgelegt werden. So lernen sich die Rotkehlchen immer wieder neu kennen und vermeiden das Gefühl von gegenseitigem Überdruss.

Es fällt auf, dass Einzelgänger vor allem unter den sesshaften Vögeln zu finden sind. Sollte womöglich der Hang zum Individualisten eine Art Ausgleich für die nicht stattfindenden Flugreisen sein? Eine Gelegenheit zum Abschalten und Entspannen?

Auffallend ist bei den Einzelgängern eine stark erhöhte Neigung zur Aggressivität. Den kleinen süßen Rotkehlchen mit den großen dunklen Augen mag man es nicht zutrauen, aber sie können sehr rabiat und durchsetzungsfähig sein. Selbst ihr Spiegelbild bekämpfen sie aufs heftigste, es könnte ja ein Rivale sein. Womöglich ist die Verknüpfung von Einzelgängerdasein mit Aggressionsbereitschaft eine natürliche Notwendigkeit, um Abstand zu wahren. Wer sich als Einzelgänger behaupten will, muss ganz einfach auch stark sein. Was bleibt ihm auch anderes übrig, als Eindringlinge aus seinem Revier zu vertreiben, wenn ihm seine Ruhe heilig ist? Auch bei der Winterfütterung tauchen Rotkehlchen meistens solo auf. Und wenn nicht, dann wird gekämpft, bis die Ordnung für die Einzelgänger wiederhergestellt ist.

Flucht und Vertreibung aus der Ehe

Es soll Vögel geben, die die Ehe nur als ein notwendiges Übel ansehen und sich dieser Bindung so schnell wie möglich wieder entledigen wollen. Derlei Geschichten werden von der Beutelmeise berichtet. Sie ist eine der schillerndsten Gestalten überhaupt unter den Singvögeln und trägt eine charakteristische schwarze Gesichtsmaske, charakteristisch im umfassenden Sinne. Denn wer eine Maske trägt, hat etwas zu verbergen.

Ihr Nest – und daher ihr Name – besteht aus einem kunstvoll geflochtenen, dickwandigen und eiförmigen Beutel, der meist an einem dünnen Außenzweig von Weidenbäumen in sicherer Höhe an den Ufern von Gewässern hängt. Ein frei baumelndes Hängebett und gleichzeitig eine sturmsichere Kinderwiege. Schon allein dieses Bauwerk nötigt Respekt ab. Den Grundstein dazu legt das Beutelmeisenmännchen, genauer gesagt, die Grundsteine. Denn tüchtige Männchen stehen auf Serienbauweise, wohl ahnend, dass ein reiches Immobilienangebot den eigenen Marktwert steigert. Wer viel zu bieten hat, erscheint vermögender als der Besitzer eines bescheidenen Einzelhäuschens. Der Baumeister webt die kunstvollen Nester allerdings nur bis zum Rohbau. Dann sehen die schaukelnden Wiegen aus wie ein Korb mit Henkel. Bei einem ausgeprägten Bautrieb kann ein Männchen bis zu fünf derartiger Rohbauten zustande bringen. In diesem Zustand gibt der Bauherr seine baumelnden Häuschen der Damenwelt zur Besichtigung frei. Damit die gefragten Weibchen den Besichtigungstermin nicht verpassen, hängt sich das akrobatisch turnende Männchen an eines seiner Schwebenester. Es wendet seinen Kopf aufgeregt hin und her und schickt dabei den bekannten Lockruf in seine kleine Welt hinaus. Es ruft in hohen Tönen trillernd und gedehnt „Sieh". Übersetzt hieße das vielleicht: „Sieh her". Und so fliegen die Weibchen ein und aus, prüfen die Häusle-Angebote und schauen zwischendurch auch mal zu den Nachbarn rüber, ob deren Präsentation vielleicht besser gefällt. Wonach wählen nun die Weibchen aus? Ein Hauptkriterium scheint die Hausgröße zu sein, genau genommen nicht die Quadratmeterzahl, sondern der Rauminhalt als Ganzes. Warum wohl? Viel Raum bedeutet mehr Komfort, vor allem mehr Platz für weiches Polstermobiliar. Ein hoher Standard bei der Wärmedämmung sorgt nicht nur für gute Wohnqualität und Behaglichkeit. Im besonders dickwandigen, gut ausgepolsterten Nest sind die Eier während der Brutzeit leichter warm zu halten und kühlen nicht so schnell aus, wenn das Weibchen mal was zu besorgen hat. Und auch dem Nachwuchs, wenn er denn geschlüpft ist, tut ein warmes Kugelnest ganz sicher gut. Beutelmeisen stammen ursprünglich aus dem Mittelmeerraum und sind erst vor einhundert Jahren in Mitteleuropa eingewandert. Ein wärmendes Obdach, das Regen und Kälte abwehrt, kommt den Ansprüchen der Beutelmeisen sehr entgegen und bedeutet weniger Stress und mehr freie Zeit zur Nahrungssuche und zum Umherflattern. Genau das gefällt den Weibchen.

Wenn sich die Vogeldame dann für eine Offerte mit großzügiger Bauweise entschieden hat, beginnt ihre Feinarbeit als Innenarchitektin. Zuvor wird der Henkelkorb zu einem ovalen Bauwerk geschlossen. Die Ausstattung erfordert eine Menge Zeit und Geduld. Zwei bis drei Wochen vergehen für den Bau des Gesamtkunstwerkes. Neben den Innenarbeiten geht es auch um die Gestaltung des Eingangsbereiches. Dieser ist bei den Beutelmeisen schlauerweise nach unten ausgerichtet und somit überdacht, so dass es nicht hinein regnen kann. Zu guter Letzt wird das Hängenest mit reinster Naturwolle ausgekleidet und zum Kuschelnest verfeinert. Dazu wird Samenwolle von Weiden, Pappeln oder Rohrkolben eingesetzt, Materialien, die um diese Zeit in Hülle und Fülle in der Luft umherfliegen. Erst wenn das Heim so gut wie fix und fertig ist, erlaubt das Weibchen die Begattung durch das ungeduldige Männchen. Mit dem Legen der Eier bricht aber ein handfester Ehestreit aus. Worum es dabei geht? Wen wundert's, es geht entweder um Immobilienbesitz oder um die anstehende Hausarbeit. Zwei klassische Streitfälle. Bei der ersten Variante verjagt das Weibchen kurzerhand sein Männchen. Der Grundstücksbesitzer wird ohne Kündigungsfrist enteignet. Da das Häuschen gut wärmeisoliert und auch sonst recht sicher vor Feinden ist, kann sich das Weibchen diesen Rausschmiss des Beschützers erlauben. Ist das Männchen nur ein wenig gekränkt, zieht es vielleicht ein paar hundert Meter weiter, baut dort ein neues Nest, lockt ein Weibchen an und bleibt mitunter sogar im Kontakt mit seiner Ex. Bei schweren Beleidigungen macht sich das Männchen über alle Berge und entfernt sich mehrere hundert Kilometer. Damit sind auch alle Hoffnungen auf eine Rückkehr zu seinem Grundbesitz begraben. Das vertriebene Männchen baut dann woanders und versucht sein Glück erneut. Diese Szenen einer Beutelmeisenehe können sich für das Männchen bis zu viermal hintereinander im Jahr wiederholen, allerdings immer mit einer neuen Darstellerin in der Weibchenrolle. Hier tritt der eher seltene Fall ein, dass die Männer die Leidtragenden sein können.

Beim Streittyp zwei kommt es nicht zur rabiaten Vertreibung des Männchens. Die Gemeinheit ist eine andere: Jeder der Partner will dem anderen die kommende Arbeit aufhalsen und sich selbst abseilen, das freie Leben genießen und ein neues Liebesabenteuer suchen. Das Brutgeschäft und erst recht die Versorgung des Nachwuchses sind bei vielen Beutelmeisen höchst unbeliebt, ja geradezu ein Graus und eine lästige Pflicht, derer man sich schnellstmöglich entledigen möchte. So versucht jeder der Partner rechtzeitig zu entkommen und dem Zurückbleibenden die Hausarbeit samt Kinderaufzucht aufzuzwingen. Mal gelingt es dem Weibchen, unbemerkt zu entfliehen und sich andernorts ein neues Glück zu suchen, mal dem Männchen. Wenn beide gleichzeitig das Weite suchen, ist allerdings das Gelege verloren. Die Fluchtversuche vor den Mühen des Alltags setzen aber erst ein, wenn das Gelege mit sechs Eiern komplett ist. Um dem Männchen vorzutäuschen, dass noch lange keine sechs Eier gelegt sind und es damit zu halten, deckt das Weibchen die Eier zu und versteckt sie vor den Blicken des Partners. Dieser Trick signalisiert dem Männchen, dass es für die Begattung weiterhin gebraucht wird. Begattung ist Ehrensache. Kein Männchen drückt sich ohne Not vor diesem Ehrendienst. Erst wenn das letzte Ei ins Nest gelegt ist, werden vom Weibchen die nackten Tatsachen, das komplette Gelege also, aufgedeckt und flugs die Flucht ergriffen. Der ahnungslos heimkehrende Mann hat dann eine schöne Bescherung. Er wird zum Sitzengelassenen, im wahrsten Sinne des Wortes, und ist zur Übernahme des weiteren

Brutgeschäftes verdammt. Das getürmte Weibchen kann mit etwas Glück irgendwo noch ein rufendes Männchen mit halbfertigem Nest aufspüren. Mit diesem Trick ist es dem Weibchen möglich, seine Nachkommenschaft zu verdoppeln, bei stark reduziertem Aufwand. Dieses merkwürdige, ganz und gar nicht partnerschaftliche Verhalten deutet darauf hin, dass Beutelmeisen Beziehungsprobleme grundsätzlicher Art haben. Hinzu kommt, dass ihnen der Ehealltag offenbar zutiefst zuwider ist. Und so versucht jeder auf seine Weise, diesen Niederungen irgendwie zu entkommen.

Ehescheidung – das Ende vom Lied

Es hat alles so schön angefangen, so romantisch. Mit Liebesliedern und Liebesschwüren. Doch im Laufe der Zeit verstummen mitunter die Lieder und die Schwüre geraten in Vergessenheit. Aus Mausi wird Mutti. Nüchternheit und Routine ziehen in den Partneralltag ein. Strapazen kommen hinzu, Windeln, schlaflose Nächte und nervendes Kindergeschrei. Konflikte bleiben nicht aus. Die Beziehung steht unter Spannung. Das könnte noch mal gut gehen – oder eben nicht.

Ehen sind generell mal spannende, mal langweilige Bündnisse von nicht selten begrenzter Haltbarkeit. Von modernen menschlichen Gesellschaften wissen wir, dass die Scheidungsraten bis an die vierzig Prozent heranreichen. Fast jeder zweite Bund fürs Leben wird geschieden und bleibt am Ende doch nur ein Bund für einen Lebensabschnitt. So der Blick auf die Menschenwelt. Und die Vögel? Schneiden sie besser ab, oder scheiden sie einfach besser?

Nach den vielen mehr oder weniger überraschenden Erkenntnissen über Untreue und Fremdvaterschaften wäre es verwunderlich, wenn nicht auch die eine oder andere Vogelehe auseinander bräche. Oder ist bei den Vögeln alles noch viel schlimmer? Fast sieht es so aus!

Jahr für Jahr trennen sich über neunzig Prozent der Vogelehen. Sommerzeit ist Trennungszeit. Für sich betrachtet ist es eine geradezu erschreckende Nachricht. Die gute Botschaft aber ist, dass die Trennungen nicht wie der Blitz aus heiterem Himmel einschlagen, sondern planmäßig erfolgen – meist zur rechten Zeit, nämlich dann, wenn die Vogelkinder aus dem Haus sind. Dann haben auch die meisten Ehen ausgedient. Die alljährliche Ehescheidung ist geplante Routine und Teil des Jahresprogramms. Es handelt sich zumeist von vornherein um Ehen auf Zeit. Sie sind zeitlich klar abgegrenzt und damit befristete eheliche Gemeinschaften. Fast alle Zugvögel reichen vor ihrem Abflug die Scheidung bei ihrem Partner ein – absolut formlos – und brechen dann Richtung Süden auf, natürlich solo. Aber auch die meisten Standvögel, die im Winter in Mitteleuropa ausharren, ziehen im Spätsommer einen Schlussstrich unter den ungeschriebenen Ehevertrag, ganz und gar einvernehmlich. Eine harmonische Scheidung, wenn man so will. Dann kommt die Zeit, in der wieder jeder für sich selbst sorgen und aufkommen muss.

Es sind also die Partner der Saisonehen, die sich nach jedem abgeschlossenen Brutgeschäft regulär aus dem Wege gehen, ohne Scheidungsklage und Trennungsschmerz. Ade, mein Schatz, ich scheide, mag mancher Vogel auf seine Art noch trällern.

Wohlwollend betrachtet handelt es sich in etlichen Fällen um eine zeitweilige Aufhebung der ehelichen Verbindung. Im Folgejahr kann die Beziehung ja fortgesetzt werden, so man sich zur rechten Zeit am rechten Platz einfindet und willens ist, es noch einmal miteinander zu probieren – für eine neue Saison. Dann ist alles wieder offen.

Was lehrt uns dies? Vögel machen sich das Leben nicht noch schwerer als es schon ist. Wie sollten sie sonst auch fliegen können? Sie binden sich nicht auf ewig, legen sich schon gar nicht in Ketten, auch nicht in goldene. Die Ehe auf Lebenszeit ist ein Ausnahmetatbestand, nicht die Regel. Die Vogelmehrheit geht ihre Bindung an den Partner nur für eine Saison ein. Die Saison heißt Frühling. Es wird gebalzt, gepaart, genistet und der Nachwuchs aufgezogen. Mit dem Ausfliegen der Jungen lösen sich die Vogelehen in der Regel auf. Sie haben ihre Funktion erfüllt. Von tragischer Scheidung kann man dabei nicht reden. Eher von Planerfüllung.

Doch wo kämen wir hin, wenn es nicht auch andere Fälle gäbe, Fälle mit Beispielcharakter, die unserem Bild von einer bürgerlich-vorbildlichen Ehe besser entsprächen. Ja, es gibt sie, die Vogelehen, die sich daran halten, was sich nach menschlich-zivilisierten Maßstäben gehört.

Ausgerechnet den Ehen der von manchen Menschen ungeliebten und zu Unrecht geschmähten Rabenvögel wird nachgesagt, dass sie haltbarer sind als die Ehen zwischen zwei Menschen. Nach einem Jahr gemeinsamen Ehelebens sind diese Vogelpaare unzertrennlich. Zu den Vögeln mit der niedrigsten Scheidungsrate werden auch die Gänse gerechnet. Alle Arten von Wildgänsen leben in Dauerehe. Daran ist kaum zu rütteln. Die ganzjährige Einbindung in den Familienbetrieb hat sich bewährt. Gemeinsamkeit macht stark und erhöht die Wachsamkeit und Sicherheit vor den überall lauernden Feinden. Auch die Schwäne ziehen den dauerhaften Bund fürs Leben vor und halten trotz mancher Höhen und Tiefen durch. Doch selbst die besten Ehen – oder gerade diese? – können einmal zerbrechen. Wenn die Partner kein Interesse mehr aneinander finden, gehen sie mitunter auseinander.

Auch in den Saisonehen kann so etwas passieren. Die ohnehin kurzen Ehezeiten werden dadurch noch weiter verkürzt. Was sind in diesen Fällen die Scheidungsursachen? Warum trennen sich Vogelpaare, die noch Gemeinsames vorhatten? Ein Hauptgrund ist der ausbleibende Bruterfolg, wenn es also irgendwie nicht klappt mit dem Nachwuchs. Möglich, dass die Eier nicht befruchtet wurden, es an Nahrung mangelte oder das Nest nicht gut genug geschützt war und einem Plünderer zum Opfer fiel. Weniger erfolgreiche Brutpaare haben nachweislich eine höhere Trennungsrate. So kam es bei Mehlschwalben nach missglückten Erstbruten häufiger zu Scheidungen als nach erfolgreichen Bruten. Auch bei Amseln, bei denen die Brut erfolglos abgebrochen wurde, steht oft die Scheidung ins Haus, statt es erneut miteinander zu probieren. Was lehrt uns dies? Kinder sind der Kitt der Ehe, wie eine alte Weisheit verrät, auch Vogelkinder.

Trennungen sind im Leben der Vögel vielleicht das Ende vom Leid, nicht aber das Ende vom Lied. Fällt ein Partner aus, steht oft schon am Rande des Reviers der Nachfolger oder die Nachfolgerin bereit. Bei allen Vogelarten gibt es nicht nur verpaarte Individuen, sondern auch unverpaarte, ledige Wesen, denen bislang das Revier oder der Lebensgefährte fehlte und die auf die Gunst der Stunde warten. Deren Heiratswünsche werden allerorten annonciert. Der Buschfunk arbeitet hier zuverlässig. Eine gute Gelegenheit für Neueinsteiger ist die Methode der Umverpaarung. Bei den Dohlen kann es beispielsweise zum Verdrängen eines schwachen Weibchens in schlechter Verfassung durch ein lediges, aber stärkeres Weibchen kommen. Nicht immer entsteht diese neue Liaison abrupt, so dass es übergangsweise zur Trio-Bildung kommen kann. Probezeit für eine neue Familien-Aufstellung.

Und wie ergeht es den Geschiedenen in den neuen Beziehungen? Alles paletti? Die wieder vermählten Weibchen brüteten in der neuen Beziehung zumeist erfolgreicher, die Männchen hingegen nicht. Die Ehe-Versager sind männlichen Geschlechts, sie verursachen hauptsächlich das Scheitern der Ehe. Seitens der Weibchen gibt es offenbar weniger Probleme. Als eher gewagte Interpretation darf die Vermutung gelten, dass die Männchen stärker unter einer Trennung leiden und im nächsten Eheanlauf lustlos werden und keinen vollen Einsatz mehr zeigen.

Manche Vogeleltern trennen sich erst reichlich spät im Laufe des Brutjahres. Es handelt sich um eine Art Last-Minute-Scheidung, eine Scheidung in letzter Minute, kurz vor dem eigentlichen Ende der Brutsaison, wenn eigentlich schon fast alles überstanden ist. So kündigen Kiebitzmännchen bei späten Zweitbruten ihre Beziehung auf. Die frischgebackenen Väter lassen ihre Weibchen einfach sitzen und ziehen fort, noch bevor sie ihre eigenen Jungen gesehen haben. Wenn ein ziehender Schwarm von Kiebitzen naht, dann kann der Zugtrieb stärker sein als die Vaterliebe.

Ehescheidungen im Vogelreich gibt es also und sie sind ganz normal. Die meisten erfolgen programmgemäß und sie sind unkritisch, ja, sie erfolgen im gegenseitigen Einvernehmen. Aber auch unplanmäßige, überraschende Trennungen kommen vor. Das kann im Einzelfall Probleme bereiten, für die es auch wieder Lösungen geben kann. Insgesamt gesehen ist aber die Ehe, gleichgültig ob

Saisonehe oder Dauerehe, für Vögel generell ein Erfolgsmodell. Ein Verlassen des Partners zur Unzeit verursacht hohe Kosten, worunter nicht die Anwaltsrechnungen zu verstehen sind: Beim alleingelassenen Partner verschlechtert sich die Kondition, Nest und Nachwuchs unterliegen einer höheren Anfälligkeit gegenüber Feinden, die Verteidigungsstärke hat sich halbiert und die Versorgung mit Futter läuft nur noch mit halber Kraft. Auch der flüchtige Partner steht erst mal vor dem Nichts. Er muss sich erst mal wiederfinden und dann von vorn anfangen. Wenn die Kosten den Nutzen deutlich übersteigen, ist eine Trennung auch in der Welt der Vogelbeziehungen wenig erstrebenswert. Wenn es darum geht, reichlich gesunden Nachwuchs aufzuziehen, müssen die Vogelpaare zusammenhalten, die Beziehung muss stimmen. Die Partner sind bei dem straffen Zeitplan aufeinander angewiesen, um am Ende der Saison ihren Bruterfolg vorweisen zu können. Und nur darauf kommt es an. Der unbestreitbare Vorteil der Vogelehen gegenüber den Menschenehen ist die sehr bemessene Zeitdauer. Vogelkinder sind nach wenigen Wochen oder Monaten erwachsen. Die Eltern haben damit ihre wichtigsten Aufgaben erfüllt und sie sind wieder frei. Menschenkinder brauchen ein ganzes Jahr, um Laufen zu lernen und fast zwei Jahrzehnte bis zum Erwachsensein – eine verdammt lange Zeit, eine echte Bewährungszeit, auf die der Mensch verurteilt ist.

Was die Zukunft bringt, ob steigende oder fallende Scheidungsraten, das wissen wir nicht.

In der Vogelwelt, so deuten erste Erkenntnisse an, werden im Zuge des Klimawandels sich einige Verhaltensregeln ändern. Je unvorhersehbarer die Umwelt ist, desto eher lassen sich monogame Vögel wieder scheiden. Am häufigsten kam es zu Scheidungen bei jenen Arten, die am meisten unter unberechenbaren klimatischen Schwankungen zu leiden hatten. Einer Scheidung folgt ein neuer Versuch mit einem neuen Partner, lebenstüchtigen Nachwuchs erfolgreich großzuziehen, um die Art zu erhalten.

Bei den Menschen könnte auch das Gegenteil eintreten: Krisenzeiten lassen Mann und Frau möglicherweise wieder enger zusammenrücken. Scheidungen könnten sich als Luxus erweisen. Aber auch die Lust am Kinderkriegen schmilzt unter schwieriger werdenden Umständen mehr und mehr dahin. Biologisch gesehen wäre dies eine friedliche Geburtenregelung bei einer beherrschenden Spezies auf einer übervölkerten Erde.

Schlafgemeinschaften

In der Kindheit gemeinsam mit den Geschwistern oder mit den Eltern in einem Nest zu kuscheln oder zu schlafen, ist ein völlig natürliches Bedürfnis. Hochzivilisierte Menschen lehnen sich gegen diese Neigungen auf, wehren sich innerlich und geben einem solchen Verhalten den Anstrich von Unanständigkeit.

Und in der Natur? Viele Lebewesen wärmen sich ganz selbstverständlich einander und geben sich dabei das Gefühl von Schutz und Geborgenheit. Man lernt sie dabei kennen, die viel geliebte Nestwärme. Im Leben der Vögel gehört es zur Normalität, dass nach dem Schlupf der Jungen ein Elternteil die Insassen des Nestes wärmt. Anders würden Vogelkinder kühle Tage und erst recht kalte Nächte gar nicht überleben. Meist ist es Aufgabe des Weibchens, die Jungvögel vor Auskühlung zu schützen, nicht selten beteiligt sich auch das Männchen, und man wechselt einander ab. Dieses Verhalten nennt man hudern. Wenn der Elternvogel hudert, reguliert er die Temperatur und schützt die Jungen vor Erkältung und Grippe. Doch diese Zeit der Fürsorge ist bald vorbei. Bei kleinen Singvögeln wird schon nach einigen Tagen immer weniger gehudert. Rasch wachsen die Jungvögel heran, und es wird eng im Nest, so eng, dass ein Nebeneinander der Geschwister durch ein Übereinander abgelöst wird. Auch dieses gemeinsame, geschwisterliche Nestschlafen gehört nach wenigen Wochen der Vergangenheit an. Bei den Singvögeln beginnt nach zwei, drei oder vier Wochen das Ausfliegen, das Verlassen des Kindheitsnestes, bei Großvögeln dauert es etwas länger. Mit dem Sprung in die Selbständigkeit des Erwachsenendaseins bricht gewöhnlich die Zeit des Allein-schlafens an. Wen wundert's? Die Vögel, vor allem die der älteren Generation, wollen ihre Ruhe haben. Schließlich hinterlässt der Vogelalltag deutliche Spuren der Anstrengung. Am Abend ziehen sich die Schlafaspiranten in aller Heimlichkeit zurück, entweder auf einen Ast, ins Gebüsch, unters Gras oder in eine Höhle. Für gewöhnlich ruhen oder schlafen Vögel auf einem oder auf beiden Beinen stehend. Der Schnabel wird bei halbseitig umgedrehtem Hals im Rückengefieder versenkt. Das getrennte Schlafen von Männlein und Weiblein ist bei Meisen, die in Höhlen nächtigen, gut zu beobachten. Jede Meise hat ihre eigens ausgesuchte Schlaf-höhle. Das „Gut-Schlafen-Können" ist für Vögel noch mehr als für Menschen eine Überlebensfrage – es verleiht die nötige Kraft für die Aufgaben des folgenden Tages. Nur wer fit ist, kann die Herausforderungen meistern und sich behaupten. Eine Krank-schreibung unter Vögeln gilt nicht, egal, ob eine echte oder eine vorgetäuschte Krankheit dahinter steckt. Wer als Vogel in freier Wildbahn nur so tut, als sei er krank, kann schon im nächsten Moment zum Opfer eines Fressfeindes werden. Der Krankenstand in der Vogelwelt bewegt sich zwangsläufig nahe Null – ein Traum für jeden Arbeitgeber.

Nicht alle erwachsenen Vögel sind passionierte Alleinschläfer. Manche Vogelarten finden sich in großer Zahl zusammen, um ge-meinsam an einem Ort zu nächtigen. Mit Vogelliebe hat das nichts zu tun, zumal diese Schlafgesellschaften vor allem außerhalb der Paarungszeit zusammenkommen. Auch hat das Massenschlafen wenig mit Kuscheln zu tun, denn die Distanz zwischen den einzel-nen Vögeln wird – bis auf Ausnahmen bei extremer Kälte – strikt eingehalten. Was aber ist der Grund des geselligen Schlafens? Ein gewichtiger Vorteil ist eine höhere Sicherheit. Gemeinschaften tra-gen dazu bei, Störenfriede rechtzeitig zu orten und Alarm zu schla-gen. Schließlich wachen viele Augen über das allgemeine Wohlerge-hen. Viele Vögel an einem Fleck verwirren zudem einen möglichen Angreifer und machen ihn konfus, denn der Beutejäger ist bei der Auswahl eines Opfers hin- und hergerissen und kann sich kaum entscheiden. Wer schon einmal einen Sperber beobachtet hat, wie er in einen Schwarm eindringt, um sich einen Kleinvogel zu greifen, hat eine Ahnung davon, wie schwierig dieses Unterfangen für einen sonst so gewandten Jäger ist.

Den Hang zu Schlafgemeinschaften haben häufig jene Vogelarten entwickelt, die in Kolonien brüten. So gehören Rabenvögel, wie Krähen und Dohlen, zu den geselligen Schläfern. Sie sammeln sich schon in den Nachmittagsstunden des Herbstes und des Winters für die gemeinsame Nacht. Die großen schwarzen Vögel kommen aus einem weiten Einzugsbereich und fliegen bis über vierzig Kilometer, um zu diesen Sit-in-Mahnwachen zu gelangen. Derartige Schlafgesellschaften kennt man auch als aufmerksamer Stadtbewohner. Sie kommen zu Hunderten, früher sogar zu Tausenden zusammen, im Extremfall waren es schon bis zu 150.000 an einem Ort. Die Vögel suchen sich gern besonders hohe und weit ausladende Bäume als Nachtlager aus. In Ermangelung von Bäumen nehmen manche Vogelgesellschaften auch mit Fernsehantennen oder anderen erhöhten technischen Konstruktionen im Luftraum vorlieb.

Bei der Verteilung der Schlafplätze herrscht unter den Rabenvögeln eine klare Hierarchie. Wer oben und wer unten? Das ist die Frage. Es geht um nichts anderes als um hohe Posten. Dabei wird die Rangordnung immer wieder in Frage gestellt und neu verhandelt. Bei diesem Gefecht geht es in den Schlafräumen auf den Schlafbäumen mitunter sehr lautstark zu. Kein Posten wird für die Ewigkeit vergeben. Üblicherweise ist der dienstälteste männliche Rabenvogel der Boss, der Anführer. Ihm gebührt der beste Platz, der Thron, nicht nur beim Schlafen, sondern auch beim Fressen. Geht es in den Schwärmen besonders turbulent zu, wird gerade um die Rangfolge gestritten. Jeder möchte in der Rangordnung möglichst hoch oben stehen, möglichst im Umfeld des Präsidenten sein. Eine hohe Stellung, Sicherheit und Prestige sind die hehren Ziele selbst bei Raben. Vielleicht werden bei diesen Debatten auch Geheimtipps über die besten Futterplätze weitergegeben. Da möchte jeder nahe an der Quelle sein und wertvolle Informationen erhaschen. Wissen macht satt.

Interessant ist, dass die Ehepaare der Rabenvögel selbst an den Schlafplätzen immer nahe beieinander sind und zusammenhalten.

Das verpaarte Weibchen begrüßt in schöner Regelmäßigkeit sein Männchen selbst im größten Raben-Gewimmel. Das Männchen steht in der Hierarchie stets über dem Weibchen – das ist definitiv keine Verhandlungssache. Die Rangordnung des Weibchens wiederum hängt von der Stellung ihres Männchens innerhalb des Schwarmes ab. Somit hat das ranghöchste Männchen das ranghöchste Weibchen, die First Lady, an seiner präsidialen Seite.

Nicht nur saisonale, sondern ganzjährige Schlafgesellschaften pflegt das junge Rabenvolk zu bilden, oft in Gemeinschaft mit Nichtbrütern, also erwachsenen Vögeln ohne Brutmöglichkeit. Innerhalb dieser Gemeinschaften ergeben sich gute Möglichkeiten des gegenseitigen Kennenlernens. Da ist immer ein Kommen und Gehen und man kann als Vogel zeigen, wer man ist und was man kann. Und man kann auch sichten, wen man so alles vor sich und um sich hat. Die Auswahl ist groß und darunter kann auch mal ein echt toller Typ sein. Manche Verlobungen werden hier versprochen und Hochzeiten angebahnt. Besonders zielstrebig gehen die Dohlen vor. Diese taubengroßen, dunkel gefärbten, aber heläugigen Vögel werden auch als „Pastorentauben" oder „Mönchlein" bezeichnet, weil sie in Kirchtürmen brüten und eine schwarze Mönchskappe tragen. Die im April geborenen Dohlen verpaaren sich schon im Oktober des ersten Lebensjahres. (Insofern ist der Name „Mönchlein" falsch gewählt!) Verlobte Dohlen weichen keinen Meter von der Seite ihres Partners. Sie schreiten nicht nur nebeneinander über Wiesen oder fliegen synchron durch die Lüfte, sie platzieren sich Seit an Seit in Schlafbäumen und kraulen sich zärtlich die Nackenfedern. Neben diesen Paarbildungen zwischen jungen Rabenvögeln kommt es in den Gesellschaften auch zur Verpaarung durch so genanntes Nachrücken. Immer dann, wenn ein frischer Witwer oder eine Witwe zwar ein Revier, aber keinen Partner mehr hat, wird diese freie Stelle gewissermaßen öffentlich ausgeschrieben. Es dauert nicht lange, da findet sich aus dem großen Pool der Nichtbrüter ein Ersatzvogel. In solchen Fällen verfügt der verwitwete Partner über ausreichend Lebenserfahrung, so dass eine junge Braut oder ein junger Bräutigam durchaus einen raschen Bruterfolg vorweisen können.

Zwistigkeiten kommen überall, selbst in den besten Familien vor. Erst recht, wenn viele Individuen auf engem Raum zusammentreffen, steht Streit ganz obligatorisch auf der Tagesordnung. Kurzum: Wo sich viel Volk versammelt, versammeln sich ebenso viele Konflikte. Wie lösen die Konfliktparteien nun aber ihre Probleme? Fliegen zwischen zwei Saatkrähen die Fetzen, so schaltet sich ein Dritter, meist ein Partner von einem der Streithähne, als Schlichter ein. Durch Zärtlichkeit, intensives Schnäbeln oder Schnabelkreuzen, sowie durch gemeinsames Fressen wird der eigene Partner beruhigt und beschwichtigt. Dem anderen Streitvogel wird dadurch gezeigt, dass das Krähenpaar zusammenhält und dass ein Partnertausch absolut nicht zur Debatte steht. Schließlich führt man eine für Rabenvögel typische stabile Ehe.

Ungewöhnlich stille und friedliche Schlafgesellschaften bilden Waldohreulen. Sie finden sich im Winter in lockerer Gemeinschaft auf Schlafbäumen zusammen. Sehr passend zu ihrem andächtigen Verhalten lassen sie sich auch gern auf Friedhöfen nieder. Aber auch in Wäldern, Gärten und Parks, selbst mitten in Städten sitzen sie schweigend auf den Ästen, dicht am Stamm, von den Menschen oft gar nicht bemerkt. Erst im Spätwinter ertönt der Revierruf der Waldohreule. Das Männchen stößt im Atemtempo das stereotype „Hu" aus und verrät uns sein Dasein.

Eine große Volksversammlung, ja ein Massenschauspiel besonderer Art wird in den Abendstunden des Spätsommers geboten. Die Aufführung ist weder zu überhören noch zu übersehen. Tausende von Staren, alte wie junge, finden sich zusammen. Es kann ein großer Baum sein oder ein Schilfgürtel, der als Gemeinschaftsschlafplatz herhalten muss. Manchmal sind sogar hunderttausende von Staren unterwegs zu einem Übernachtungsplatz. Wenn diese Vogelwolke sich vor die untergehende Sonne schiebt, kann sich der Himmel schon merklich verdunkeln. Im Gegensatz zu Rabenvögeln schlagen Stare bei ihren Zusammenkünften längst nicht so viel Lärm. Sie rauschen vielmehr als dunkler Schwarm in amöbenartig-plastischen Gebilden über uns hinweg, dass man als Unkundiger glauben könnte, es seien außerirdische Flugobjekte, die sich auf geheimnisvolle Weise der Erde nähern. Landen sie schließlich im Schilf, um sich zur Ruhe zu begeben, werden leise Schlaflieder angestimmt. Jung und Alt singen gemeinsam zur Nacht.

Ähnliche Schlafgewohnheiten sind bei den Schwalben in der Zeit des Sammelns, kurz vor ihrem Reiseantritt Richtung Afrika, zu beobachten. Während sie tagsüber ihre Ruheplätze auf Leitungsdrähten oder besonnten Dächern finden, suchen sie des Nachts in vielen Hundertschaften das Schilf an den Ufern von Gewässern auf, um sich dort an schwankenden, aber stabilen Halmen festhaltend zur Ruhe zu betten und sich in den Schlaf wiegen zu lassen.

Ganz ohne Aufsehen, ja, in aller Heimlichkeit findet ein gelegentliches, gemeinsames Schlafen mancher Vögel in kleineren Gesellschaften statt. Es sind vor allem Kleinvögel, die in Schlechtwetterperioden im Sommer, aber erst recht im Winter sich zusammenschließen: Es ist die Abwehr der Kälte. Schon die jungen Singvögel bauen „Wärmepyramiden" in ihren Nestern auf, indem sie sich in Ringform anordnen und ihre Bäuche und Brüste aneinanderdrücken. Mehlschwalben ziehen bei Kälte und Regen in ein Gemeinschaftsnest ein oder sie ballen sich unter geschützten Fels- und Mauervorsprüngen zu engen Gruppen zusammen. In klirrend kalten Winternächten scheinen Schwanzmeisen sich an ihre Kindheit zurückzuerinnern und pflegen truppweise den Körperkontakt zum Warmhalten. Die sonst einzeln übernachtenden kleinen Wintergoldhähnchen zieht es bei Frost sowie während der Wanderschaft, wenn der häusliche Schutz fehlt, zu „Schlafkugeln" zueinander. Eine Neigung zum geselligen Schlafen wurde auch bei den winzigen Zaunkönigen beobachtet, wenn es grimmig kalt ist. Bis zu 46 kleine Könige haben sich schon in einer Höhle zusammengerottet, um nicht zu erfrieren. Gerade für die kleineren und kleinsten Vogelarten ist das Zusammenkuscheln zum Überstehen kalter Nächte eine bewährte Überlebensstrategie. Unter diesen extremen Umständen wird die sonst einzuhaltende Distanz zwischen den einzelnen Individuen aufgegeben. Die Vögel scheinen es zu ahnen: Sich durch ein gegenseitiges Körperwärmen das Überleben zu erleichtern ist angenehmer als im stolzen Eigensinn zu erfrieren. Besonders heftig trifft die Kälte jene Vögel, die im Winter ungeschützt in offener Landschaft ausharren müssen. So vereinen sich die sonst so eigenwilligen Rebhühner auf freiem Felde und wehren gemeinsam die Härten der Natur ab. Um eiskalte Nächte, manchmal mit Schneestürmen verbunden, besser widerstehen zu können, bilden sie einen dichten Pulk, kuscheln sich eng aneinander und wärmen sich gegenseitig. Doch auch im Wald kann es klirrend kalt werden. Dann passiert Ungewöhnliches: Baumläufer finden sich in der Wintersnot in Dutzenden zusammen und halten einander warm. Bemerkenswert ist dieses Kuschel-Verhalten vor allem deshalb, weil gerade Baumläufer wie auch Rebhühner in normalen Zeiten alles andere als gesellige Vögel sind. Not schweißt eben zusammen.

Wie alt bist Du, Vogel?

Kontaktanzeigen in der Welt der Menschen beginnen oft mit der Angabe des Alters, um die Suche nach einem passenden Partner zu erleichtern und einzugrenzen. Doch was heißt passendes Alter? Gleichaltrig? Mann oder Frau ein paar Jahre jünger oder älter? Oder viel jünger, viel älter? Neben dem „Normalfall" zog und zieht es manch jüngere Frau auch zu älteren Männern und ältere Männer zu jüngeren Frauen. Ein reifer, gut aufgestellter Mann ist Beschützer und Versorger gleichermaßen. Doch auch die umgekehrte Konstellation ist dabei, sich zu etablieren. Reife Frau bietet unsicherem Jüngling Lebenserfahrung, Sicherheit und Geborgenheit. Warum auch nicht?

Was die Vogelwelt betrifft, so stellt sich zunächst die Frage, wie alt Vögel überhaupt werden, und ob das Alter bei ihrer Partnersuche eine ebenso zentrale Rolle spielt. Und: Wissen die Vögel eigentlich, wie alt sie selber sind?

Sicher, kein Vogel weiß, wann er einst aus dem Ei kroch. Sicher ist auch, dass die meisten Vögel nicht alt werden. Weit über die Hälfte der Singvögel, mitunter sogar drei Viertel sterben schon im ersten

Lebensjahr, also in ihrer Kindheit und ihrer Jugendzeit. Häufig führen Arglosigkeit und Unerfahrenheit zum frühzeitigen Tod, entweder durch hungrige Feinde oder durch schnell fahrende Autos, deren Geschwindigkeit die Vögel oft nicht gewachsen sind. Rund zehn Millionen Vögel kommen in Deutschland jährlich unter die Räder oder prallen gegen die Frontscheibe. Erhebliche Verluste treten auch auf dem Vogelzug auf. Noch immer wird in manchen Ländern auf fast alles geschossen, was sich im Luftraum bewegt. Dementsprechend scheu erweisen sich jene Exemplare, die die Schießwut überleben. Hinzu kommen Wetterextreme wie Hitze und Trockenheit sowie Sturm, Nässe und Kälte, die unter den ziehenden Vögeln ihren Tribut fordern. Großvögel haben noch einen zusätzlichen, sehr heimtückischen Feind, die Stromleitungen. Wenn ein Storch mit seiner großen Flügelspannweite die Drähte überbrückt, gibt es einen Stromschlag, der für ihn meist tödlich oder zumindest mit schweren Verbrennungen endet. Kollisionen mit Stromfreileitungen sind die Haupttodesursache bei Störchen. Fast sechzig Prozent aller auf der Hauptzugroute in Israel gefundenen toten Störche erlagen Stromschlägen. Auch Uhus, Großtrappen und Greifvögel müssen auf diese qualvolle Weise ihr Leben lassen. Dabei geht es durchaus anders: Im Gebiet des spanischen Nationalparks Coto de Doñana wurden einige Stromleitungen unter die Erde verbannt. In der Folge stieg die Überlebensrate junger Kaiseradler, einer weltweit hoch bedrohten Art, von zwanzig auf achtzig Prozent.

Wer als Vogel die gefährliche Jugendzeit übersteht, der hat gute Aussichten auf weitere Lebensjahre, vor allem einen Partner zu finden und Nachwuchs zu bekommen. Wie alt die Vögel werden, darüber gibt es Statistiken. Allgemein gilt die Regel: Je größer der Vogel, desto höher seine Lebenserwartung. Nach einer Schätz-Formel lebt eine Vogelart mit dem dreißigfachen Gewicht im Vergleich zu einer anderen, deutlich kleineren Vogelart doppelt solange. Konkret heißt das: Kleinvögel erreichen, wenn sie Glück und Erfolg haben, im Normalfall ein Lebensalter von vielleicht fünf Jahren. Großvögel kommen dagegen auf ein zweistelliges Lebensalter. Seit Einführung der Vogelberingung wissen wir mehr über die Lebensläufe der Vögel. Die älteste beringte Feldlerche wurde zehn Jahre alt, die älteste Kohlmeise fünfzehn und der älteste Star sogar zweiundzwanzig Jahre alt. Dies sind allerdings Extremfälle. Unter den größeren Vogelarten wurden schon einzelne Adler, Möwen und Schnepfen mit einem Alter von über dreißig Jahren registriert. Die Methusalems unter den Vögeln sind Rabenvögel und Sturmvögel, die nachweislich auch schon mal fünfzig Jahre alt werden können. In Schottland wurde ein Schwarzschnabel-Sturmtaucher gar fünfundfünfzig Jahre alt.

Für die Lebenserwartung ist es ein großer Unterschied, ob ein Vogel allen Widrigkeiten der Natur ausgesetzt ist oder behütet in Gefangenschaft lebt bzw. leben muss. Den Tod durch Altersschwäche erleben Vögel in der freien Natur nur sehr selten. Wenn ein frei lebender Vogel schwach oder krank wird, landet er in kürzester Zeit in den Krallen oder Fängen hungriger Räuber. In der Regel kann ein Vogel nur im Schutze der Gefangenschaft (gewissermaßen in Schutzhaft also) seine maximale Lebenszeit erreichen. Die Differenz zwischen einem Leben in freier Natur und in Gefangenschaft kann gewaltig sein. So hat der bisher älteste Kolkrabe als frei lebender Ringvogel ein Alter von zwanzig Jahren erzielt, in Gefangenschaft wurde der älteste Kolkrabe 69 Jahre alt. Ein Nonnenkranich wurde in menschlicher Obhut sogar nachweislich stolze 83 Jahre alt. Noch mit 78 Jahren hat er erfolgreich Junge großgezogen. Das muss selbst nach menschlichen Maßstäben ein sehr rüstiger Kranich gewesen sein!

Wovon hängt das zu erreichende Alter ab? Einmal von den Erbfaktoren und zum anderen aber von den Lebensumständen. Hunger, Kälte und Krankheit sowie starker Stress durch Feinde und Konkurrenten können die Lebenserwartungen verringern. Seit einigen Jahren gibt es auch Erkenntnisse darüber, welche Faktoren die Lebenserwartung nicht beeinflussen. Bei den Weibchen ist es demnach egal, ob sie wenige oder viele Eier legen und bei den Männchen, wie bei den Blaumeisen nachgewiesen, spielt es keine Rolle, ob sie monogam oder polygam leben.

Und nun zur spannenden Frage: Ab welchem Alter ist ein Vogel erwachsen und für das Liebesleben bereit? Als absolute Frühstarter gelten die im Mittelmeergebiet heimischen Zistensänger. Sie erreichen schon im zarten Alter von ein bis zwei Monaten, also kaum nachdem ihnen die ersten Federn gewachsen sind, ihre Geschlechtsreife. Ob sie wegen ihrer Frühreife keine lange Lebenserwartung haben – der älteste gefundene Ringvogel wurde nur vier Jahre alt – oder ob als Folge ihrer Kurzlebigkeit die frühe Reife von Vorteil ist?

Sehr gut mithalten im Frühreife-Vergleich können unsere heimischen Kleiber. Sie scheinen dem alten deutschen Sprichwort zu folgen: „Jung gefreit hat nie gereut" und wollen keinen Tag länger als nötig unverpaart dahinleben. Schon zwei Wochen nach ihrem Ausfliegen finden sich Jünglein und Fräulein zusammen. Allerdings erweisen sich manche Jugendpaare als instabil. So kracht solche Jungehe schnell mal auseinander. Bei gut zwanzig Prozent der jungvermählten Kleiber verlaufen die Wege bald wieder getrennt. Doch verglichen mit dem Menschengeschlecht ist dieser Prozentsatz des Scheiterns gar nicht so schlecht, zumal man berücksichtigen muss, dass sich die Kleiber lebenslänglich binden – und das in vier Fünfteln der Fälle erfolgreich.

Zu den Schnellstartern in punkto Familiengründung gehören auch die Wachteln. Innerhalb von drei Monaten nach ihrem Schlupf sind sie reif für die Fortpflanzung, so dass die Erstbrut oft schon im ersten Sommer ihres Lebens erfolgt. Bei diesem Eiltempo im Erwachsenwerden bleibt die ungebundene Jugendzeit zwangsläufig auf der Strecke. Doppelt so lange wie die Wachteln benötigen die Stadttauben, nämlich sechs Monate, bis sie zur ersten Brut schreiten können. Von derartigen Ausnahmen abgesehen, erreichen Vögel erst nach Vollendung des ersten Lebensjahres den Erwachsenenstatus. Die meisten Singvögel beginnen im zweiten Lebensjahr mit Balz und Brut. Auch Hühner und Enten gehören dazu. Je größer die Vogelart, umso länger dauert allgemein die Entwicklung bis zur Geschlechtsreife. Raben, Gänse und viele Greife treten erst im dritten Lebensjahr in den Fortpflanzungsstand. Bei Möwen müssen drei bis vier Jahre ins Land gehen. Störche, Schwäne und Kormorane nehmen sich bis zum vierten Jahr Zeit für den Ernst des Lebens. Jungkraniche gründen erst im Alter von fünf bis sechs Jahren eine Familie, ebenso die Seeadler als größte europäische Adlerart.

Insgesamt scheinen Weibchen früher geschlechtsreif zu sein als ihre männlichen Kollegen. Besonders deutliche zeitliche Unterschiede in der Erlangung der Geschlechtsreife treten bei den Großtrappen auf. Während die Weibchen mit zwei Jahren schon auf dem Balzplatz antanzen dürfen, sind die Männchen erst mit fünf bis sechs Jahren reif genug für die Vorführungen. Wohl auf Grund dieser Reifeverschiebung ist das Geschlechterverhältnis bei den Trappen an den Balzplätzen zugunsten der Weibchen verschoben. Oder vielleicht zuungunsten?

Spannend dürfte die Frage sein, ob das Alter bei der Partnerwahl eine zentrale Rolle spielt. Für die Vögel steht wohl das kalendarische Alter bei der Partnersuche nicht im Vordergrund. Viel entscheidender ist für das auswählende Weibchen die Frage, ob das Männchen fit und tauglich ist, seine Pflichten vortrefflich erfüllen kann, ein erstklassiges Revier besitzt und es erfolgreich verteidigt sowie genügend Futter auf Lager hat. Die verfügbare Futterbasis eines Vogelmännchens ist quasi der Kontostand, sein Vermögen, die wahrhaft entscheidende Größe. Bedeutsam dürfte auch die Rangordnung in der Hierarchiewelt der Vögel für die Gattenwahl sein. Eine kräftige Stimme, viele hervorstechende Abzeichen an Brust und Schulter sowie bunte Federn am Hut und anderswo sind für Weibchen sehr geschätzte Zeichen für Ranghöhe, Stärke und Vitalität eines Männchens. Da sind junge und unausgefärbte Männchen im Nachteil gegenüber den alten Hasen, die reich dekoriert und farbenprächtig ausgestattet sind. Bei der Gruppenbalz fällt die Entscheidung der Weibchen eindeutig zugunsten der gestandenen und prächtigen Männchen aus. Ein- oder zweijährige Männchen gelten als junge Spunde. Sie werden bei der Gruppenbalz erst gar nicht für die zentrale Balzarena zugelassen. Wer sich als Hähnchen nur am Rande des Balzgeschehens positionieren kann, hat kaum eine Chance, eine Henne zu treten. Die erfahrenen Hähne machen die Musik. Doch auf ewig taugt das Rezept nicht. „Je oller, desto doller" stößt an Grenzen. Was in der Menschenwelt möglich ist, dass Greise ganze Völker regieren und sich mit einem Harem ausstatten, ist in der Vogelwelt zum Scheitern verurteilt. Alte, behäbige Methusalems sind bei den Weibchen nicht mehr gefragt. Qualität ist gefordert. Verfällt sie, schwindet das Interesse. Kolkraben, die ein hohes Alter erreichen, lassen in ihrer Spätphase in ihrer Gesangsqualität merklich nach. Vor allem die Variabilität schrumpft dahin und frau bekommt dann nur noch eintöniges Geplapper zu hören. Das muss die Gattin dann allerdings aushalten, denn Kolkraben verpaaren sich lebenslänglich.

Und wie steht es mit dem Kindersegen, dem Bruterfolg in Abhängigkeit vom Alter? Hier ist das Alter eine entscheidende Größe. Viele Singvögel haben im ersten Jahr kein besonderes Glück. Es fehlt ihnen die nötige Erfahrung. Im zweiten und dritten Lebensjahr ist der Bruterfolg am höchsten. Ab dem vierten, spätestens ab dem fünften Lebensjahr geht die Erfolgsrate bei Singvögeln wieder zurück. Dennoch pflanzen sich Vögel in freier Natur bis an ihr Lebensende fort. Die Zeugungsfähigkeit bleibt auch im Alter erhalten und die nötigen Triebkräfte ebenso. Die Produktion der Sexualhormone wird immer wieder aufs Neue angekurbelt. Die angelegten Eizellen – es sind zweitausend beim Huhn mit bloßen Augen sichtbar – bieten ein schier unerschöpfliches Reservoir, das selbst beim ältesten Huhn nicht ausgeschöpft werden kann. Wenn fünfhundert Eier in einem Hühnerleben zur Reife gelangen, ist das schon eine Spitzenleistung. Die Spermien des Hahnes sind eh im Überfluss vorhanden, diesbezüglich ist er ständig frisch gebackener Millionär. Eine Knappheit der sexuellen Ressourcen tritt in der Liebeswelt der Vögel kaum jemals ein. Somit ist ein geruhsames Rentnerdasein bei Familie Vogel völlig unbekannt. Es wird gepaart und gezeugt bis an aller Lebenstage Ende!

Gefragt: Vogel mit Charakter

Auf der Suche nach einem passenden Partner legt der Mensch nicht nur Wert auf Haarfarbe, Brust- oder Taillenumfang, er achtet zusätzlich auf innere Werte, auf bestimmte Charaktereigenschaften.

In den Kontaktanzeigen erfährt man immer wieder von der Sehnsucht nach einem treuen, warmherzigen, intelligenten, unternehmungslustigen, naturliebenden oder häuslichen Partner, möglichst mit Führerschein.

Die Ansicht, dass auch Tiere unterschiedliche Charaktereigenschaften haben, wurde von der Wissenschaft lange Zeit ignoriert. Dabei kann jeder Pferde-, Hunde- oder Katzenhalter ein Lied davon singen, wie temperamentvoll, launisch, wachsam, flott oder auch träge sein Vierbeiner sein kann und wie sehr er sich von anderen, gleichartigen Vierbeinern unterscheidet. Warum sollte der Mensch sich durch einen ganz persönlichen Charakter auszeichnen und ein Tier nicht?

Die genauere Beschäftigung nicht nur mit Haustieren, sondern auch mit Vögeln hat es an den Tag gebracht: Auch Tiere sind Persönlichkeiten. Es gibt durchaus schüchterne und mutige, vorsichtige und neugierige Typen, ähnlich wie bei den Menschen. Bei der Partnersuche entscheiden oft diese Eigenschaften darüber, ob es überhaupt zu einer Kontaktaufnahme kommen kann und ob ein Partner attraktiv erscheint oder eben nicht. So wurden bei den Kohlmeisen neugierige wie ängstliche Persönlichkeitstypen entdeckt. Sie unterscheiden sich zum Beispiel darin, wie sie mit neuen Situationen umzugehen verstehen. Die mutigen Typen haben den Vorteil, von ihrem draufgängerischen Verhalten zu profitieren, sei es bei der Nahrungssuche, sei es bei der Eroberung eines erstklassigen Partners. Wer entschlossen handelt, kann das große Los ziehen. Auf der anderen Seite besteht bei den waghalsigen Typen aber das höhere Risiko des Scheiterns. Dieses Risiko kann eine Katze sein, die in der Nähe lauert und zupacken könnte, wenn es an der nötigen Vorsicht mangelt. Bei der Partnerwahl kann das Wagnis des Draufgängers darin bestehen, auf Ablehnung zu stoßen und sich einen Korb einzuhandeln. Genau diese Risiken minimiert die ängstlich-zurückhaltende, schüchterne Meise, indem sie nur sichere Nahrungsplätze aufsucht und auf manchen Annäherungsversuch von vornherein verzichtet. Die Charaktereigenschaften sind, so wurde inzwischen molekulargenetisch ermittelt, in den Erbfaktoren verankert. Meisen besitzen ein Neugier-Gen. Dieses Gen steuert, je nachdem, wie stark es ausgeprägt ist, das charakteristische, individuelle Verhalten, eben den Meisencharakter.

Die Vogelpersönlichkeit kann also auch bei der Partnerwahl entscheidend sein. An Zebrafinken wurde beobachtet, dass die neugierigsten und pfiffigsten Weibchen sich die tatkräftigsten, energischsten und entschlossensten Männchen herausfischen. Die Größe der Männchen, deren Kondition und deren Farbigkeit waren für die Wahlentscheidung eher nebensächlich.

Bei der Partnersuche spielen auch Eigenschaften eine große Rolle, die mit „optimistisch" umschrieben werden. Nicht nur unter Menschen, auch unter Staren gibt es Optimisten und Pessimisten. Dazu wurde der folgende Nachweis angetreten: Zwei Gruppen von Staren wurden mit Würmern gefüttert, die sich in Schachteln befanden. Die grünen Schachteln beinhalteten leckere Regenwürmer, in den grauen Schachteln waren bittere, ungenießbare Würmer. Das haben die lernfähigen Stare sehr schnell begriffen. In einem zweiten Experimentierschritt wurden sie gruppenweise in unterschiedlichen Umgebungen untergebracht. Die eine Gruppe durfte sich in großzügigen und gut ausgestatteten Käfigen mit kleinem Swimmingpool wohl fühlen, die andere wurde in schlichten Standardkäfigen gehalten. Dann gab es Futter aus ausschließlich grauen Schachteln, in denen aber diesmal wohlschmeckende Regenwürmer versteckt waren. Während die in trostlosen Käfigen untergebrachten Stare pessimistisch reagierten, die ganze Welt in grau sahen und die Schachteln nicht anrühren wollten, betrachteten die in Wohlfühlatmosphäre lebenden Stare die Lage optimistischer, öffneten neugierig die vorgesetzten Schachteln und wurden für ihre Zuversicht mit dem leckeren Inhalt belohnt. In diesem Falle haben die äußeren Umstände – und nicht die Gene – die unterschiedlichen Verhaltensmuster geprägt. Inwieweit bei der Partnerwahl die „optimistischen" Stare bevorzugt werden, lässt sich leicht erahnen.

Vogel mit Hirn – Grips von Vorteil

Immer wieder fallen Annoncen auf, in denen Partner mit Intelligenz gesucht werden. Wer höhere Bildung vorweisen und sich womöglich mit einem akademischen Titel schmücken kann, so die übliche Schlussfolgerung, hat ein höheres Einkommen und einen entsprechend gehobenen Besitzstand, bewohnt ein großes Haus, fährt einen erstklassigen Wagen und hat womöglich eine hochseetüchtige Yacht am Mittelmeer. Was will man oder frau denn mehr? Ach ja, über Kunst und Kultur kann man mit Intelligenz auch noch trefflich parlieren.

Wo aber findet man Intelligenz? Wo muss man nach ihr suchen? Die Antwort: die Intelligenz hat einen Sitz – und zwar im Hirn. Eine gängige wissenschaftliche Methode zur Abschätzung der Intelligenz ist, die Hirnmasse zu bestimmen und sie ins Verhältnis zum Körpergewicht zu setzen. Bei einem hohen Hirnanteil kann ein hoher Intelligenzgrad erwartet werden. Die Messgrößen Hirnmasse in Kilogramm, Hirnanteil in Prozent oder Hirnumfang in Zentimetern finden sich allerdings nur sehr selten bis gar nicht in den Kontaktanzeigen zur Partnersuche. Warum eigentlich nicht, zumal andere Umfangmaße tiefer gelegener Körperpartien zentimetergenau veröffentlicht werden? Vielleicht ist es mit der Suche nach Intelligenz gar nicht wirklich ernst gemeint? Womöglich gehört es einfach nur zum guten Ton und steigert den eigenen Marktwert des oder der Suchenden?

Vögel stehen im Ruf, ein Vogelhirn zu besitzen. Auf einen Menschen angewendet, ist der Begriff eines Vogelhirns alles andere als ein schmeichelhaftes Kompliment. „Birdbrain" steht im Englischen für mangelnden Intellekt. Wem im Deutschen ein „Spatzenhirn" nachgesagt wird, hat anscheinend nicht viel drauf. Ebenso deuten die Bezeichnungen „Dumme Gans" und „Blödes Huhn" auf geistige Beschränktheit hin. Der oder die Beurteilte wird auf die geistige Leistungsfähigkeit eines Vogels zurückgestuft. Es ist der „dumme Vogel", auf den der Zweibeiner geringschätzig herabschaut. Zu Recht oder zu Unrecht?

Ein Vogelhirn ist in der Tat vor allem winzig klein und leicht. Das macht auch Sinn, denn mit einem Elefantenhirn von fünf Kilogramm dürfte das Fliegen schwer möglich sein. Aber muss „klein" auch „schlecht" bedeuten? Ist Kleinkunst eine minderwertige Kunst? Auch Computer-Chips sind klein und werden immer kleiner – und leistungsfähiger! Die Frage ist doch: Was steckt im Hirn drin und was kann es leisten?

Nicht nur in Sachen Fliegen und Navigation, auch im Seh- und im Hörvermögen sind uns manche Vögel haushoch überlegen. So ist neben der Sehschärfe das Farbensehen bei Vögeln oft besser ausgeprägt. Manche von ihnen können Ultraviolett sehen, das uns Menschen verborgen bleibt, andere haben ein absolutes Gehör, ein ausgeprägtes Tonhöhengedächtnis also, und ihr Hörbereich ist um ein Vielfaches breiter. Einige Vögel können über acht Oktaven hinweg singen, der Mensch bringt es nur auf knapp drei Oktaven.

Lange Zeit wurde angenommen, dass die Entwicklung der Wirbeltiere in der Reihenfolge Fische – Lurche – Reptilien – Vögel – Säugetiere erfolgte. Die Säugetiere seien eine Höherentwicklung der Vögel, so glaubte man. Inzwischen hat sich das aber als Irrtum herausgestellt: Vögel wie Säugetiere stammen direkt von den Reptilien ab. Beide haben die gleichen Vorfahren. Es mag uns wenig schmeichelhaft erscheinen, doch sind wir Menschen ebenso wie die Vögel Nachfahren der Dinosaurier. Zwar mögen die Unterschiede zwischen Federkleid und Haarpracht, zwischen Fliegern und Läufern gewaltig sein, die mentale Steuerzentrale, das Gehirn, aber ist ähnlich aufgebaut, es geht auf die gleiche Urmutter zurück. Die Oberfläche des Vogelhirns ist immer glatt, die der höheren Säuger gefaltet, doch ist der Unterschied keineswegs so groß wie bislang angenommen, und er bietet keinen Grund für eine Herabstufung der Vögel. Nicht die Hirnrinde ist es bei ihnen, die die Intelligenz ausmacht, sondern die tiefer gelegenen Großhirnteile.

Dennoch kann niemand bestreiten, dass der Verstand des Menschen einzigartig ist. Hinsichtlich des Gehirns wurde die Evolution der Affen in Richtung Mensch zum Extrem getrieben, er hat ein übergroßes Denkorgan entwickelt. Dabei ist die Quantität an Hirnmasse in eine neue Qualität umgeschlagen, die der mensch-

lichen Intelligenz. Ähnliches spielte sich aber auch innerhalb der Gruppe der Vögel ab. Bei ihnen schwankt die Hirngröße von Art zu Art, aber auch zwischen den Individuen ein und derselben Art gibt es Unterschiede. So liegt der Hirnanteil am Gesamtvogel bei den Fasanen sehr niedrig. Kein Wunder also, wenn so ein Fasan auf der Straße dumm herumsteht und es oft nicht schafft, einem Auto auszuweichen. Ein geradezu törichtes Verhalten. Aber mehr ist eben nicht drin im Hirn. Der Fasan kann nicht begreifen, dass ein Auto Lebensgefahr bedeutet. Ein zusätzlicher Grund für die auffällige Torheit ist auch die Tatsache, dass viele Fasane künstlich erbrütet und dann in freier Natur ausgesetzt wurden. Ihnen fehlt das Vorbild der Eltern, das Einmaleins des Überlebens. Aber auch der größte Vogel der Erde, der Strauß, hat ein vergleichsweise winziges Gehirn. Es ist gerade mal fünfzig Gramm schwer, und das bei einem Gesamtgewicht von einhundertundfünfzig Kilogramm, das ist ein Hirnanteil von 0,3 Promille. Der Mensch mit seinem knapp eineinhalb Kilogramm schweren Hirn bringt es auf 2 Prozent Hirnanteil – im Durchschnitt.

Bei den Rabenvögeln wie Elstern, Dohlen, Häher und Krähen verhält sich die Sache anders. Sie gehören zu jenen Vögeln, die den höchsten Grad an Intelligenz aufweisen. Rabenvögel können mit ihrer Hirngröße in Bezug zum Körpergewicht den Schimpansen das Wasser reichen. Ihr Vorderschädel ist auffallend gewölbt und der Hirnschädelraum entsprechend vergrößert. Rabenvögel haben – im Verhältnis zum Körpergewicht – die größten Gehirne aller Vogelarten. Sie sind damit viel zu schlau, um sich überfahren zu lassen und treten rechtzeitig den Rückzug an. Aber das ist noch nicht alles, was sie auf dem Kasten haben.

Inzwischen wurde der Beweis erbracht, dass sich Rabenvögel Gedanken über die Gedanken anderer Artgenossen machen. Sie können sich in die Rolle anderer „Mitvögel" versetzen. Zudem haben sie ein biografisches Gedächtnis. Sie wissen, wann und wo sie was gemacht haben und kennen den zeitlichen Ablauf ihrer gelebten Vergangenheit. Ein Häher erinnert sich zum Beispiel noch Monate später, wo er Tausende einzeln versteckte Samen als Vorrat für schlechte Zeiten wiederfinden kann, wenn sich sein Hunger meldet. Das biografische Gedächtnis galt bisher als typisch menschliche Fähigkeit. Inzwischen wurde erkannt, dass es zumindest auch die Rabenvögel zu dieser Meisterschaft gebracht haben.

Den Vogel aber haben die Elstern abgeschossen. Die meisten Tierarten betrachten, wenn man ihnen einen Spiegel vorsetzt, ihr eigenes Abbild als fremden Artgenossen. Werden Elstern mit einem Spiegel konfrontiert, erkennen sie sich selbst. Den Beweis hat eine Elster erbracht, deren Brustgefieder im Experiment mit farbigen Punkten beklebt wurde. Als sie sich derart entstellt im Spiegel betrachtete, setzte sie alles daran, die „Schandflecken" mit Schnabel und Krallen zu entfernen, um ihre gewohnte Schönheit wieder herzustellen. Elstern zeigen somit eine Art Ich-Bewusstsein, und sie begreifen, wie ein Spiegel funktioniert. Damit reiht sich die Elster fraglos in die Riege der klügsten Tiere ein. Nur wenigen Säugetieren – Menschenaffen, Elefanten und Delphinen – wurde zuvor ein solches Ich-Bewusstsein zugeschrieben. Nun gehören auch Elstern zu diesem elitären Club.

Welche Rolle spielt aber der Grad der Intelligenz bei der Partnersuche der Vögel? Ist Klugheit hilfreich? Vor allem Weibchen legen anscheinend großen Wert auf Bildung. Begabte, im Gesang talentierte und gediegen ausgebildete Männchen werden von den Weibchen eindeutig bevorzugt. An Meisen und an Rohrsängern wurde das nachgewiesen. Wer als Männchen viele Strophen aus dem Effeff beherrscht und über ein abwechslungsreiches Gesangsrepertoire verfügt, ist als künftiger Partner besonders begehrt. Das hat seinen guten Grund. Denn je variabler der männliche Liedschatz, desto höher ist erwiesenermaßen der Erfolg bei der Fortpflanzung. Gute Sänger schaffen viele Kinder. So vereinen sich Unterhaltsamkeit mit Fruchtbarkeit. Und das finden die Weibchen toll!

Und wie halten es die klügsten Vögel mit den Paarbeziehungen? Es fällt auf, dass diese Vogelarten das Leben mit einem festen Partner bevorzugen. Von Krähen weiß man, dass ein inniges und festgefügtes Verhältnis zwischen den Partnern gepflegt wird. Nur der Tod eines Partners kann diese Beziehung beenden. Verlieren sie ihren gewohnten Partner, trauern sie sichtbar für lange Zeit. Dass Raben besonders klug sind, wussten schon die „Hexen" des Mittelalters. Sind sie also in Ehefragen gescheiter als wir Menschen?

Elstern, die ebenfalls zu den Rabenvögeln gehören, führen als Stand-vögel in vielen Fällen eine sehr dauerhafte Ehe. Partnertreue bis zu acht Jahren wurde bei ihnen nachgewiesen. Doch die Dauerehe ist bei den Elstern kein Dogma – was auch als Zeichen von Klug-heit gewertet werden kann. Bleibt der Bruterfolg aus oder gibt das Revier nicht genug Nahrung her, kommt es zu Umverpaarungen. Dazu wird die Winterzeit genutzt, in der die Paarbindungen ge-lockert sind. Im Allgemeinen aber stehen Krähen, Dohlen, Elstern und Häher weitgehend auf lebenslange Monogamie. Die schlauen Vögel haben offenbar erkannt, dass feste Beziehungen die größten Vorteile versprechen, vor allem, was den Nachwuchs angeht. Fest steht: Je länger zwei Rabeneltern zusammenleben, umso reicher ist ihr Kindersegen. Entgegen den sprichwörtlichen Aussagen sind Rabeneltern ausgesprochen liebevolle und fürsorgliche Eltern. Ob allerdings ein mit dem Lebensalter wachsender Kindersegen für uns Menschen erstrebenswert wäre, darf angezweifelt werden. Als Täter treten Vogelehepaare nicht selten gemeinsam auf. Sie ver-halten sich wie Komplizen bei einem Banküberfall. So kann man beobachten, wie Krähen in Gemeinschaft ermattete Singvögel ver-folgen, um sie zu erbeuten. So ist schon mancher Star nach seiner Rückkehr in die Brutheimat von Krähen verspeist worden. Die Beute, so scheint es, wird bei den klügsten Vögeln nicht selten dem Lebenspartner überlassen. Wenn gewitzte Rabenvögel ihre Futterhappen vor Artgenossen verstecken – Raben klauen wirklich wie die Raben! – darf der Partner zuschauen. Nur ihm ist es erlaubt, Zeuge zu sein, mit ihm werden die Vorräte sowieso geteilt. Das Verstecken von Futter unter Ausschluss der Öffentlichkeit lernen die Vögel durch schlechte Erfahrungen. Erst nachdem sie selbst be-stohlen wurden, begreifen sie, dass es hilfreich ist, Mitwisser auszu-schalten. Erfahrung macht eben klug. Das Hirn, auch das Vogelhirn, ist keine konstante Größe. Ein-mal schlau – immer schlau gilt ebenso wenig wie einmal dumm – immer dumm. Training heißt das Zauberwort, es gilt für Men-schen wie für Vögel. Bekannt ist, dass die Lernfähigkeit im frühen Lebensabschnitt am höchsten ist. Doch das Lernen geht weiter und macht auch vor Senioren nicht halt. Andernfalls beginnen die geistigen Fähigkeiten zu schrumpfen und von der vielgepriesenen Weisheit des Alters bleibt immer weniger zurück. Ist das lebenslange Lernen nur für Menschen typisch? Mitnichten! Papageienbesitzer wissen es: Intensives Training kann auch in einem älteren Vogelhirn stille Reserven freischalten. Tägliches Üben entwickelt neue Kapazitäten und Fähigkeiten, die über den Anforderungen des nackten Überlebens liegen. Dieser geistige Mehrwert ist kein Vorrecht des Menschen.

Das Training geistiger Fähigkeiten findet aber keineswegs, wie bei den Heimvogel-Papageien, nur in menschlicher Obhut statt. Lebenslanges Lernen scheint auch ein ganz natürliches Prinzip zu sein, wie an afrikanischen Webervögeln gezeigt werden konnte. Sie sind dafür berühmt, kunstvolle Nester bauen zu können. Trockene Pflanzenfasern werden derart gekonnt in Baumkronen verflochten, dass daraus burgenähnliche Niststätten für ganze Vogelkolonien heranwachsen. Diese baubiologischen Fähigkeiten sind nur zum Teil angeboren. Durch jahrelange Bautätigkeit wird die Kunst des Nestbaus dieser Vögel immer mehr perfektioniert, ein „learning by doing" gewissermaßen.

Doch die Möglichkeiten des lebenslangen Lernens gehen weit über die Bautätigkeit hinaus. Bei Männchen von Mahali-Webervögeln wurde festgestellt, dass deren Gehirn mit einem Aufstieg in der Hierarchie innerhalb des Klubs erheblich wachsen kann. Selbst bei einem ausgereiften Männchen können sich neue Nervenzellen bilden und das Gesangszentrum um ein Drittel erweitern, wenn es zum dominanten, herrschenden Männchen aufsteigt. Dass der Anführer von der Natur mit besonders viel Hirn ausgerüstet und sogar nachgerüstet wird, ist sinnvoll. Schließlich hängt von den Entscheidungen des Oberhauptes das Wohl einer ganzen Gruppe ab. Zwar werden, wie man mittlerweile weiß, auch beim erwachsenen Menschen Nervenzellen neu gebildet, aber leider nur in geringem Umfang. Es wäre doch zu schön, wenn unsere Häuptlinge nach ihrer Wahl auch mehr Hirn bekämen, um die Fülle der gestellten Aufgaben besser bewältigen zu können. Wir sollten an dieser vagen Hoffnung festhalten.

Impressum

© SAXO'Phon GmbH, Ostra-Allee 20
01067 Dresden, www.saxophon-verlag.de

Alle Rechte vorbehalten
2. Auflage Mai 2015

Satz und Layout: Anja Wilcke · product:ink | www.productink.de
Druck: WDS Pertermann GmbH

ISBN 978-3-943444-19-3